结构健康监测的
传感器布置优化设计

杨　辰　卢子兴　夏元清　著

科学出版社

北　京

内 容 简 介

结构安全监测、诊断与维修是突破传统结构设计局限并实现未来结构设计与运行的必然趋势。如何在复杂服役环境中设计结构健康监测系统的高效费比传感器布置方法,已成为当前动力学反问题研究亟待突破的难点。鉴于此,本书的撰写将考虑实际结构在服役过程中结构健康监测传感器布置面临的低信噪比、冗余数据、贫信息等问题,意在揭示低信噪比与冗余数据共存模式下结构响应信息的高效表征机理,主要包括基于非概率理论的传感器布置分析与优化设计、基于多维消冗模型的传感器布置优化设计、传感器布置的多目标优化三方面内容,以期形成一套结构健康监测中包含系统与测量不确定性、局部密集布置等多种非完备信息下传感器布置建模、分析、优化与设计理论。

本书可供从事航天、航空、土木、自动化专业等相关领域的高校教师、工程技术人员、研究生及高年级本科生等参考使用。

图书在版编目(CIP)数据

结构健康监测的传感器布置优化设计 / 杨辰,卢子兴,夏元清著. —北京:科学出版社,2022.11
　ISBN 978-7-03-073552-2

Ⅰ. ①结⋯　Ⅱ. ①杨⋯　②卢⋯　③夏⋯　Ⅲ. ①健康－监测器－传感器－设计　Ⅳ. ①TP212

中国版本图书馆 CIP 数据核字(2022)第 195437 号

责任编辑:闫　悦 / 责任校对:胡小洁
责任印制:吴兆东 / 封面设计:蓝正设计

科 学 出 版 社 出版
北京东黄城根北街 16 号
邮政编码:100717
http://www.sciencep.com

北京中科印刷有限公司 印刷
科学出版社发行　各地新华书店经销
＊

2022 年 11 月第 一 版　开本:720×1000　1/16
2022 年 11 月第一次印刷　印张:13 1/4
字数:252 000

定价:128.00 元
(如有印装质量问题,我社负责调换)

前　言

　　结构安全监测、诊断与维修是突破传统结构设计局限，并实现未来大尺度、可重复、模块化、多功能、长寿命结构设计与运行的必然趋势。结构安全性分析与设计理论沿着结构安全性评估的发展方向，从结构设计的安全系数理论阶段，逐步过渡到监测与诊断的反演设计理论阶段，朝着低成本、高可靠运维设计理论方向稳步发展。结构健康监测是实现上述结构状态识别、监测与评估的重要理论方法，在近几十年借助于力学、数学、土木、机械、测量、信息、计算机、光电等领域的成熟理论得到了跨越式发展。作为结构健康监测的首要环节，为提高结构健康监测系统的准确性，往往采用在结构表面或内部布置传感器的方式以精准、实时、低成本地获取结构响应状态信息。传感器监测系统在结构健康监测与状态辨识领域具有重要的地位，历史上发生过多次因为没有合理布置传感器而导致发生事故，如俄罗斯"和平号"空间站由于传感器布置不当致使在轨动力学特性超过设计偏差，尽管花费极大的时间成本和经济代价但依然没有得到较好的改善。可以预见的是，在国内外涉及结构健康监测、参数辨识、计算反求的各个领域，传感器监测系统的有效设计利用将成为未来工程结构先进性的重要标志；而针对传感器布置分析、优化与设计的系统研究必然备受青睐和重视，该理论体系的构建亦是结构健康监测的一个新分支。

　　实际工程结构在长期服役过程中由于受到大量不安全因素影响，其全系统可靠性、功能性以及安全性问题凸显。针对长期服役结构面临的各种运行风险和未知环境，建立非完备信息下结构安全状态监测的传感器布置方法是有效保障结构安全服役的重要前提。传感器布置方案决定了对结构真实响应状态的高精度表征，然而，传感器系统的性能往往受限于低信噪比和有限测量数据，尚未突破多种非完备信息下传感器布置数量、位置以及评价的理论基础，特别是如何弥补概率方法和消冗模型不能准确处理小样本、贫信息、少数据、高冗余状态的重大不足。因此，如何在复杂服役环境中设计结构健康监测系统的高效费比传感器布置，已成为当前研究亟待突破的热点和难点问题。

　　鉴于此，针对大型结构安全评估与健康监测所面临的低信噪比、冗余数据、贫信息等复杂环境，本书的撰写将为结构动力学反演的传感器布置优化提供一种新的思路，力争突破低信噪比与冗余数据等非完备信息下共存模式下结构响应的高效表征机理，为结构健康监测提供高效准确的结构状态变化信息获取模式。本书主要包括基于非概率理论的传感器布置分析与优化设计、基于多维消冗模型的传感器布置优化设计、传感器布置的多目标优化三方面内容，建立一套能综合系统与测量不确定性、冗余数据采集、多类型与多方法共存等未确知、多源非完备信息的面向结构健康监测的传感器布置建模、分析、优化与设计理论，具体章节安排如下。

本书第一篇(第2～4章)重点介绍了基于非概率理论的传感器布置分析与优化设计，针对传感器布置中的不确定性问题开展研究。第2章建立了决定传感器布置数量的区间可能度方法，设计了非概率不确定性条件下确定最佳传感器布置数量的区间准则；第3章提出了基于非概率区间分析模型的传感器布置方法，分析了每一次剔除备选传感器位置以及最终布置方案的可能度；第4章建立了传感器布置的非概率区间鲁棒优化方法，通过优化算法获得了更具有鲁棒性的传感器布置。

本书第二篇(第5～8章)重点介绍了基于多维消冗模型的传感器布置优化设计，针对传感器布置中的冗余信息问题开展研究。第5章建立了基于一维消冗模型的有效间隔指数，并结合可靠性提出了空间可展结构的传感器布置优化方法；第6章提出了一种基于分布指数与有限元离散的传感器二维消冗布置方法，通过双层嵌套优化算法给出最经济网格离散建议；第7章建立了基于二维消冗模型与子聚类调整策略的传感器布置优化方法，设计全局和局部传感器分布模型有效地避免了传感器密集布置；第8章建立了基于三维消冗模型的空间网格结构传感器布置优化，实现了传感器空间布置的三维空间消冗。

本书第三篇(第9，10章)重点介绍了传感器布置的多目标优化，针对传感器布置中的多种指标优化问题开展了研究。第9章提出了一种基于迭代权重因子自适应更新的传感器布置多目标优化方法，将六种经典的传感器布置方法的比较格式转化为优化格式，利用迭代策略和优化算法确定自适应权重因子及其最优传感器布置；第10章建立两类传感器布置优化的不确定性传播方法，定义了一种新的区间指数来决定传感器数量，建立改进的超体积评价指标和迭代多目标优化算法实现了传感器优化布置。

与国内外同类书籍相比，本书具有如下特点。

(1)本书以复杂结构长期服役对结构健康监测传感器布置的应用需求为牵引展开内容与方法的论述，在传感器布置、不确定性理论、优化方法等方面建立的理论体系具有鲜明的科学问题属性和工程指向特征。

(2)本书从结构健康监测传感器布置源头出发，开展了基于不确定性的传感器布置分析与优化、基于消冗模型的传感器布置优化与设计，以及传感器布置的多目标优化等方法的研究，实现了传感器布置在非完备信息和多类型指标分析与智能优化的完整过程。

（3）本书实现了理论模型与方法在航天、航空、土木等具体工程结构上的验证与应用，并通过文字和图表对结果进行综合论证，以更加直观易懂的方式向读者诠释了结构健康监测中传感器布置优化设计的基本思路、方法和流程。

本书的研究内容得到了国家自然科学基金面上项目（11972355）、青年项目（11502278）、中国科协青年人才托举工程项目（2019QNRC001）、北京市自然科学基金面上项目（8222037、3182042）、装备预研领域基金项目（61400040103）、北京理工大学青年教师学术启动计划等多个科研项目的资助，在此表示衷心的感谢。本书是作者近年来在该领域研究经历与思考心得的归纳和总结，得到了部分具有创新性的研究成果，以供从事航天、航空、土木、自动化专业等相关领域的高校教师、工程技术人员、研究生等学习参考。如对读者在科研或工作中有所帮助，将是作者最大的欣慰。

本书撰写过程中，北京航空航天大学邱志平教授以及作者的硕士学位指导导师王晓军教授对本书的撰写提供了指导和热情的帮助，并长期指导和帮助作者的学业和工作，在此表示真诚的感谢。在本书的写作过程中，我们参阅和部分引用了国内外众多专家学者的研究成果，在此向原作者表示衷心的感谢。博士生余倩倩在本书的编辑、排版与校对中付出了辛勤的劳动，在此表示衷心的感谢。科学出版社相关同志为本书的出版付出了辛勤的劳动，在此表示衷心的感谢。

结构健康监测的传感器布置问题涉及学科内容较多，鉴于作者的知识结构和能力水平所限，书中难免出现不妥，恳请读者批评指正。

在写作本书期间，恰逢祖国全力阻击疫情与举办冬奥"齐头并进"，作者生逢盛世，谨以此书唯愿同胞健康平安，祈福祖国繁荣昌盛。

作　者

2022 年 3 月于北京理工大学

目　录

第一篇　基于非概率理论的传感器布置分析与优化设计

第三篇 传感器布置的多目标优化

第 1 章 绪 论

随着大型结构工程以及制造技术日新月异的发展，飞行器、超高层大厦、地标建筑、离岸结构、大跨度桥梁、多功能网架等现代工程结构正朝着多功能、长寿命、大型化和复杂化方向发展。这些结构在复杂的服役环境中将受到设计载荷的作用，同时也将承受各种突发性外在因素的影响，面临的结构功能状态改变以及损伤积累问题日益严重，进而威胁结构的服役安全。在长期运行中，未被诊断出的结构损伤将会对结构强度和刚度产生重要影响，进而会引发深层次的结构损伤积累，并将引起结构的突发性失效[1, 2]。

为提高结构在服役期内运行的安全性，建立大型复杂结构的健康监测与动力学参数辨识方法是十分重要且必要的，以便快速探测结构损伤状态以及动力学特性，并及时预警结构变化、修复结构损伤和改变操作使用方法，从而降低结构损伤积累以及运行状态偏离的程度[3-5]。利用非破坏性方法来检测结构是否存在损伤，并对损伤进行定位、监测与评估的结构健康监测技术已受到国内外学术界、工程界广泛关注以及深入研究[6-10]。结构健康监测系统主要包括以下关键技术[11]：

①高效的传感器布置优化技术；

②高信噪比的信号采集与信息处理技术；

③环境激励下结构模态参数识别技术；

④准确的有限元模型修正技术；

⑤不确定条件下动力学反演技术；

⑥准确、可靠、完整的健康监测系统的集成技术。

而针对大型结构的健康监测与损伤探测研究方面，学术界与工程界普遍认识到该领域始终存在三种障碍[12]：

①与大型结构自由度众多相对应的有限测点矛盾；

②力学反问题的病态矩阵问题；

③不确定性信息将随着结构的大型化而大量积累。

从上述回顾不难发现，有限测量约束即传感器布置优化问题作为 6 项关键技术之一，且同时为 3 项研究障碍之一，现已成为一项公认的结构健康监测难点和重点。

传感器系统作为结构健康监测的首要环节，通过定期采集、分析结构优化布置传感器阵列的动力响应数据来观察结构体系随时间推移产生的变化，并通过提取损伤敏感特征进行数据分析以确定结构的健康状况[13-15]。大型结构自由度众多、动力特性复杂，且受工程实际监测条件和监测成本等因素限制，传感器只能在非常有限的位置上进行布置。因此，如何利用传感器布置优化方法在结构最关键位置上实现有限数目传感器的最优布置成为一个首要问题。应采用适当的优化方法来搜寻最佳传感器布置方案，进而获取更完备的测试信息、更准确的识别模态参数以及更高效的构建结构健康监测系统[16-25]。同时，除结构健康监测外，其他动力学问题[26-30]也对传感器布置优化有着强烈的研究需求。因此，如何选择(优化)有限个自由度上结构的响应信息实现结构的健康状态评估成为了结构健康监测的一个热点领域，由此引出的传感器布置优化问题亟待解决。传感器布置优化问题是 20 世纪 90 年代以来非常活跃的研究领域，在近十年借助现代智能优化技术的迅猛发展已取得了突破性的研究进展[31]。

1.1　传感器布置优化方法研究进展与评述

现对传感器布置优化方法以及评价方法的研究进展进行回顾，评述具体理论方法并介绍具体应用，其中，传感器数量和位置选择同属于传感器布置优化方法。

1.1.1　传感器布置优化方法

1. 传感器数量决定方法

首先，可由模态阶次数量决定待布置传感器数量的下限。具体原因可以分别从矩阵分析以及控制理论两个角度进行阐述：从矩阵分析角度，若传感器的数量少于待识别的结构模态数量，即当采样的模态信息组成的子矩阵为低阵时，被辨识的模态向量必然线性相关，并且不能有效地成为结构模态空间的基向量；另一方面，从控制理论角度分析，系统的可观性决定了待布置的传感器数量至少为待辨识的结构模态数量。需要注意的是，过多的传感器采集的信息将会被噪声淹没，所以传感器数量并非越多越好。

而待布置传感器数量的上限没有明确的理论计算依据。香港的青马大桥、汀九桥和江苏的江阴长江大桥，分别安装了 33、65 和 72 个加速度传感器，安徽铜陵大桥的健康监测系统中更是安装了 116 个加速度传感器[3, 32]。国内外学者和实际工程技术人员主要通过绘制传感器布置性能相对于传感器个数的曲线，并寻找该曲线的拐点以确定待布置的传感器数量[33]。通常认为一旦超过该值继续布置传感器，将会产生信息冗余的不利情况，即利用基于冗余布置的传感器提取的振动数据将会发生模态相关性。基于有效独立法的 Fisher 矩阵行列式[33]、模态置信准

则 (modal assurance criterion)[34, 35] 和模态应变能 (modal strain energy)[36] 等指标[37] 绘制的曲线常用于决定传感器数量。但相关研究都是基于确定性条件绘制传感器布置指标曲线，而当待监测结构、环境噪声、传感器测量等环节中存在大量不确定性信息时，该曲线趋势将会发生变化，原确定性曲线的拐点也会随之改变，最优传感器个数因此也会增减。

2. 经典方法

有效独立法 (effective independence method，EfI)[38] 是一种倒序删除法，由 Kammer 最先提出并将其应用于大型空间结构的在轨模态分析中，是目前公认的最有效的传感器布置优化方法之一，也是影响最广泛、使用最成熟的一种方法。有效独立法旨在从所有可能的传感器备选位置中，利用模态矩阵形成 Fisher 信息矩阵，按照各备选传感器位置对目标模态矩阵独立性的贡献进行排序，利用迭代方法依次删除每一次迭代步中贡献最小的备选传感器位置以尽可能保持目标模态矩阵线性无关。

最小模态置信准则法 (minimize modal assurance criterion)[39] 是一种典型的正序添加法，主要思想是：尽可能使实际动力学采集识别的结构模态振型与理论参考的有限元法计算的结构模态振型相匹配。主要计算流程为：在每次迭代中，新添入能使模态置信准则矩阵的非对角元素的最大值最小化的备选传感器位置。与倒序删除法类似，这种按一定顺序依次选取单个传感器位置的方法仅适用于自由度较少的结构模型中，模型尺度一旦增加，计算成本将会过大。相较于应用该方法来进行传感器位置的筛选，目前更多的传感器布置优化工作将其视为一种非常重要的评价准则，用于验证布置方案的优劣。

模态矩阵求和与求积法[40, 41] 通过计算模态矩阵中各元素绝对值的和与积，按照从大至小的排序，将行向量的较大值作为传感器布置的位置。由于计算十分简单方便，受到复杂结构健康监测现场测试工程师的普遍青睐。通常情况下，模态矩阵求和与求积法比较符合一般的结构动力学的测试经验。这两种方法最大的优点就是可以有效地避免传感器布置在各阶模态振型的节点以及模态动能较小的自由度上，是典型的模态动能法[42]。但是，上述两种方法只能非常粗糙地计算出较好的传感器布置优化位置，远不能获得最佳的布置方案。所以模态矩阵求和与求积法和模态动能法相似，在实际工程结构中只能作为辅助的传感器布置方法，而不能单独用来设计传感器布置。

除此以外，原点留数法[43-45]、模态矩阵的 QR 分解法[46, 47]、奇异值分解法 (singular value decomposition，SVD)[48-50]、Guyan 缩减法 (Guyan reduction method，GRM)[51] 及其改进[52, 53]、等效方法[54] 等也较为常用。上述经典方法广泛地应用于

各种结构的传感器布置优化工作[3, 27]，相关工作也比较了上述各种经典方法的优劣[55]，同时，李东升等[56]揭示了两种经典传感器布置优化方法的内在联系。

通过下面列举的各种最新传感器布置优化方法的综述与回顾，不难发现，无论是组合方法或优化方法，还是消冗方法或策略，均是在本节所回顾的经典方法基础上进行的组合、改进、修正、拓展与延伸，可以说，上述经典方法是现代传感器布置优化工作的精髓与灵魂。

3. 组合方法

将各种经典方法进行有效的组合，取长补短，能有效地提升传感器布置优化的综合性能。由于有效独立法仅能体现模态独立性能而没有考虑结构中的模态能量参数，测量信息极易淹没于噪声中。因此近些年针对该方法的不足，众多学者提出了基于有效独立法与模态能量组合的倒序删除方法，如基于有效独立法与其他四项指标的四种组合方法[25]、基于能量系数与有效独立算法的组合算法[57]、基于有效独立法和模态能量的组合算法[58, 59]、基于模态置信准则、QR 分解与有效独立法的组合算法[28, 60]等。这些传感器布置优化的组合方法可以兼顾模态独立性和抗噪能力，在很大程度上提高了传感器采样的信噪比，实现了较好的传感器布置优化性能，成功地应用于水坝、桥梁以及网格结构的健康监测中。但是，这些方法仅适用于自由度较少的结构模型中，对于含有众多自由度的大尺度结构，该方法的表现仍不尽如人意。

4. 优化方法

经典的传感器布置优化方法如有效独立法[38]、模态动能法[43]，属于典型的倒序删除法或正序添加法[34]，即从所有测点出发，逐步删除(添加)对结构性能贡献最小(最大)的自由度。但这种倒序删除法或正序添加法仅在结构模型不大或自由度较少时具备较好的传感器布置效果，当应用于具有成千上万个自由度的结构，经典算法效率极低[61]。传感器布置优化作为一种典型的离散组合优化问题，由于梯度等信息难以获得，因此利用常规优化算法无法求解。

进入 21 世纪后，随着计算机技术与现代智能优化算法的蓬勃发展，大型结构的传感器布置优化问题逐步摆脱了仅依靠一定顺序逐个筛选的传统迭代算法，向全局优化算法深入发展，逐渐在大型结构传感器布置优化中发挥了重要作用，以遗传优化算法[58-66]、粒子群优化算法[67, 68]、狼群优化算法[69]、K-means 聚类优化算法[70-72]等[33, 73, 74]为代表的现代智能优化算法直接推动了传感器布置优化领域向高层建筑、桥梁、水坝、大跨度柔性结构等具有巨型尺度、超大规模、海量自由度等特征的超级工程中应用。在这其中，大连理工大学伊廷华教授团队开发了一系列先进的猴群优化算法[35, 75-78]，取得了大量具有原创性的传感器布置优化领域研究成果，具有鲜明的学术理论特色和工程应用价值。然而，这并不意味着经典传感器布置优化理论就失去了地位。现有绝大多数用于解决传感器布置优化问题的智能优化算法所采用的优化目标通常从经典理论中衍生而出，如 Fisher 信息矩阵行列式[79]与模态置信准则矩阵非对角元素的均方根误差[35]等基本指标，均是来源于经典的有效独立法与模态置信准则法。

目前，传感器布置的多目标优化研究逐渐兴起，但现有多目标优化函数仅用简单的数学操作进行组合而忽略了各单一目标的量级差异。既有的组合方法为了将多目标优化问题转化为单目标优化，仅将各单一优化目标做简单数学处理(相乘组合、对数组合、幂指数组合)。这些简单的数学处理仅能表达优化函数的单调性，很难保证各指标在多目标中具有一致的灵敏度。作为传感器布置优化问题的"大脑"——多目标优化模型的准确建立将直接影响着优化问题的求解。令人遗憾的是，现有传感器布置优化方法并未考虑不同单一指标的量级差异，因此，优化精度和收敛性均难以保证。

由此可见，目前传感器布置优化方法正朝着经典理论与优化算法组合的方向发展，如何从经典传感器布置优化理论中挖掘针对实际问题适合的优化目标函数，并采用高效、自适应的现代智能优化技术求解，用更符合实际问题的传感器布置优化准则评估，是现代传感器布置优化领域亟待解决的关键瓶颈问题。

5. 不确定方法

受加工工艺、仪器设备、测量技术的限制，待监测结构中的不确定性以及数据采集过程中的未确知性难以避免且不可消除。为反映二者对传感器布置优化的影响，国内外的学者也广泛地开展了在灵敏度与鲁棒性等不确定性领域的传感器布置优化研究[80-82]。计及材料微结构的不确定参数，Castro-Triguero 等[83]利用概率统计方法研究了木质结构的传感器布置优化方案，同时对于桁架结构传感器布置的不确定性优化问题，也指出了无论不确定性参数存在与否、大小与否，总有部分确定性传感器布置位置将会在不确定性工况下得以最终保留[84]。基于信息熵理论，Vincenzi 等[85]在结构健康监测与模态测试中实现了结构不确定性与噪声共同存在时传感器最优或次优布置结果。为改善有效独立法中未考虑不确定性的不足，Kim 等[86]通过保留确定性部分与推演附加随机项，提出一种新的随机有效独立法，可以较好地实现在平均效应下模态矩阵的线性独立。此外，Papadimitriou 等[87]利用误差相关性预测理论建立了传感器布置优化方法。针对结构动力学参数中不确定性难以度量的不足，利用非概率方法仅需获取不确定性参数边界的优势[88-90]，杨辰建立了含区间不确定性参数的传感器布置可能度分析[91]与鲁棒优化模型[92]，分别用区间数关系以及遗传优化算法对离散型不确定性问题进行了分析与优化求解，获得了传感器布置的可能度以及更具稳健性的传感器布置方案。

对于不确定性条件下的传感器布置主要有两个问题亟待解决：第一是传感器布置中涉及不确定性的定量化、分析与优化问题，即传感器布置过程中的不确定性来源和大小、不确定性因素对当前确定性传感器布置结果的影响分析和传感器布置的不确定性优化设计；第二是不同确定性传感器布置方法在不确定性条件下具有完全不同的灵敏度和鲁棒性，因此将不同的确定性传感器布置优化方法向不确定性情况拓展时，必须考虑其适用性，这也与描述不确定性参数的具体数学方法相关。

6. 消冗方法

除了上述提到的组合多种传感器布置优化性能以建立复杂的优化模型外，在众多的传感器多目标组合优化中，包含结构固有几何信息以及约束限制等因素而建立的多目标组合优化方法近几年也得到了广泛的关注。通过该方法，不仅可以保证传感器布置优化性能得到最大程度的发挥，还可以兼顾几何信息以及布置约束限制等实际因素，为传感器布置优化理论向实际工程中应用做好了铺垫。该研究最主要的目的旨在消除传感器布置优化中的冗余信息[79, 93]，即消除有效独立法的本质缺陷。

有效独立法是目前工程界应用最广泛的传感器布置优化算法，但该方法存在一个固有的本质缺陷：大型结构规模庞大，其有限元模型的结点或自由度数目通常为数万个甚至更多，当应用经典的有效独立法时往往会获得两个甚至多个相近的传感器布置位置，尽管这些空间距离较近的传感器布置位置可能对模态向量的贡献度都很显著，但来源于这些邻近位置的传感器测量信号通常提供的是重复信息，特别是在噪声存在时，多个邻近传感器不可避免地引入的噪声往往比采集到的有用信息更加显著。当传感器数量大于采样模态阶次时，有效独立法将产生密集的传感器布置方案[94, 95]，此时在过近的位置安放多个传感器的效果远不如在该局部仅布置单个传感器[79]。因此，为有效防止过于密集的传感器分布导致的信息冗余和布置资源浪费，研究人员定义了各种距离消冗信息函数，尽可能地避免过近的传感器布置优化方案。练继建等[79]创造性地通过结点坐标建立了一种逐个计算相邻最近距离的消冗目标函数，使得最终在水坝结构中未出现相邻过近的传感器布置优化方案，大大降低了传感器布置方案中的冗余信息。何龙军等[96]引入距离系数指标，以评价在大型空间结构中相近的两传感器布置位置的信息独立程度，并结合该距离系数对相应传感器布置的 Fisher 信息矩阵进行了较好的修正。张建伟等[97]提出的有效独立-总位移法可以使所测得的拱坝结构的模态之间正交性、可观性更好，并提高剩余测点的应变能，是一种有效并且实用的传感器布置优化方法。基于几何坐标信息以及模态振型信息，Bonisoli 等[98]建立了一种基于模态-几何的综合权重准则的目标函数，并分别应用于梁、壳以及实体结构的传感器布置优化中。基于信息熵理论，Vincenzi 等[85]将距离和模态的预测误差相关性矩阵作为目标函数以优化传感器布置方案的综合性能，并考虑了框架与桥结构中模态误差对传感器布置优化的影响。蔡智恒等[99]建立了信息冗余度准则和重构精度准则，通过逐个增加传感器位置到初始集合的方式提高了重构精度并降低了传感器信息冗余度。杨辰定义了与距离相关的传感器分布指数，分别建立了一维[100]、二维[101, 102]与三维[103]的消冗模型，有效避免了传感器在不同结构构型、不同维度的密集分布，从一定程度上提高了动力学测试与数据采集过程中的模态正交性。

需要明确的是，传感器密集布置的信息冗余问题与其在复杂服役环境中应用的备份问题是不同的，二者的主要区别在于：冗余是指在邻近不同位置密集布置传感器，因极易测量到干扰和不统一的信号，不如仅在相邻位置布置一个传感器，所以冗余布置是需要避免的；而备份是指在同一位置布置多个备份传感器，可以提高极端服役环境下的监测可靠性，在不考虑传感器布置的重量和经济成本的前提下是应该被鼓励的。

7. 调整策略

现代智能优化技术可以实现较好的全局优化，特别是在没有显含优化梯度信息的情况下。然而，当大型复杂结构自由度与待选传感器个数众多时，优化计算量将变得过大，优化精度也将随之下降，智能优化算法往往得到的是次优解而非最优解。

为了解决上述利用智能优化算法处理大型结构传感器布置问题的缺陷，近些年，在经典算法、优化算法的基础上，研究人员逐渐开始将制定传感器布置策略作为研究的重点[104, 105]。不同于优化策略，这种制定的传感器布置的整体策略可以通过每一步的预先设计，逐步按流程进行传感器位置的筛选，最大限度地保证了传感器布置优化计算的稳定性和效率。伊廷华等[106]提出了一种基于多重优化策略的传感器分步布置策略并应用于超高层电视塔结构中，先利用列主元正交三角分解对模态矩阵进行计算，得到传感器布置的初始位置，再逐步增加可降低此初始布置模态置信准则矩阵非对角元的传感器测点。Li[70]等通过频响函数、分群算法以及优化技术制定了传感器剔除冗余信息的布置策略，有效避免了悬臂板结构中的密集布置方案。针对具有周期性循环边界条件的大型空间框架结构特点，Zhang[107]等将待布置的传感器分为参考以及随动两类，建立了迭代筛选传感器布置的策略。Yang[108]等在模型修正中提出了一种用传感器布置方案来减少结构不确定性的方法，并结合 Bayesian 有限元模型修正的不确定性定量化技术实现了平面桁架中薄弱子结构损伤评估。相对于前述仅依靠现代智能优化技术的传感器布置优化算法，上述这些布置策略更能将传感器布置问题流程化、规范化以及系统化。

虽然传感器布置策略研究刚刚起步，有部分研究学者结合经典理论、优化算法以及实际结构特性制定出了效果极佳的传感器布置策略，但是，对这些策略的普适性和特殊性并没有进行分析。现有建立的传感器布置策略研究都是基于某个数值算例或工程实际，并没有对该策略的适用性给出更为详尽的介绍，因此工程设计人员以及其他科研人员很难将该策略应用到各自的研究领域和研究对象中。同时，必须承认面向不同功能的不同结构，必然具备不同的传感器布置性能需求。如何制定兼顾具有普适性以及特殊性的传感器布置策略是实现传感器布置工程发展的重要依据，相关研究成果并未有清晰解释。

1.1.2　传感器布置评价方法

待传感器布置工作完成后，需要通过一系列评价传感器布置方案优劣的准则进行评估，包括模态参数准则、响应重组准则、能量准则，以及信息准则四个方面[109]。由于各种结构试验测试目的的不同，学术界和工程界认为较有影响的 5 种传感器布置方法评价准则为：模态置信准则、奇异值比(矩阵条件数)、模态动能、Fisher 信息矩阵和待识别模态的可视化程度[16]。Cherng[50]对比了五种准则：模态置信准则、修正模态置信准则、奇异值比、模态动能，以及 Fisher 矩阵行列式。费庆国等[22]在卫星天线模态分析中应用了四种判据：模态置信准则、修正模态置信准则、奇异值比，以及 Fisher 矩阵行列式。

目前，传感器布置优化方法较多，不同方法应用于同一结构通常会有不同的传感器布置方案，各种方法的适用性以及有效性不一，利用传感器布置准则评价不同传感器布置方案的有效性以及各种布置方法的优劣也是十分重要的问题。

1.2　传感器布置中亟待解决的关键问题

在回顾面向结构健康监测的传感器布置方法后，本章将在此基础上梳理了该领域中亟待解决的关键问题。

1.2.1　传感器布置输入参数与性能之间的耦合关系

对于结构健康监测的传感器布置问题，无论采用何种方法，包括模态阶次、传感器数量、待监测的连续体有限元网格离散等基本信息的关键输入参数是永远也无法回避的。在一定程度上，这些关键参数与计算精度、求解效率、布置位置精度和冗余信息等传感器布置性能指标相互耦合，如：

①避免传感器布置于某阶模态结点或节线[16]；

②兼顾动力学信息精度、传感器布置效率、冗余信息三者之间的传感器数量[99, 110, 111]；

③兼顾动力学信息精度与传感器布置效率二者之间的模态阶次数量[19]；

④兼顾动力学信息精度、传感器布置效率、冗余信息、位置精度四者之间的待监测结构有限元离散尺度[102]。

如图 1.1 所示，盘根错杂的耦合关系从某种程度上直接决定了传感器布置方案的优劣，如若输入参数处理不当，任何先进的传感器布置优化算法也无"用武之地"。目前决定传感器布置输入参数主要来源于动力学分析和实际经验[112]，没有明确的理论确定方法，在某些条件下使用可能会出现问题。

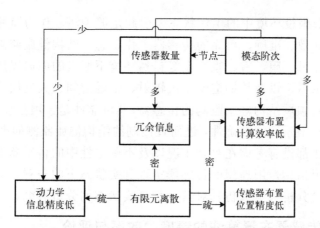

图 1.1　传感器布置输入参数与性能之间的耦合关系

1.2.2　传感器布置的可靠性分析

目前多数研究都是考虑传感器布置性能，而对于传感器布置可靠性问题鲜有报道，该问题主要与两个因素相关：待监测结构构型和传感器自身性能。

1. 传感器布置于不同结构构型的可靠性分析

以空间网格结构为例，相较于板壳与实体等连续拓扑结构，其最显著的特点就是具备天然的有限元离散属性，各个铰点可以直接作为有限元划分的结点，不同于板壳与实体结构需要人为定义网格尺寸后进行划分。但这也导致了面向网格结构健康监测的传感器布置与其他类型结构的完全不同。众所周知，为获取结构模态和加速度响应信息，振动传感器需要布置在有限元结点上。板壳与实体结构在人为进行有限元离散后，各个结点具备完全相同或近似完全相同的传感器布置可靠性。但网格结构由于默认几何铰点即为有限元结点，如各焊接、平面铰接以及空间球铰接等连接点本身力学特性不一，在上述各类关键点布置传感器的可靠性必然存在差异，且差异不能完全忽略[62]。现有的传感器布置方法仅关注将不同布置性能进行组合，但实际上布置可靠性也是一项重要的布置指标。此外，如结构-机构多样性设计也会直接引起同一传感器在不同结构形式布置时具有完全不同的可靠性，如在卫星折展位置布置传感器的可靠性显著低于非折展位置[7]。令人遗憾的是，该问题并没有得到广泛关注。因此，有必要通过理论分析、数值仿真与实验验证建立传感器布置的可靠性分析理论，为传感器的可靠布置奠定扎实的研究基础。

2. 极端服役工况下传感器布置可靠性分析

传感器在复杂服役环境中的工作状态未引起足够关注。作为监测结构健康的重要组成部分，高效、准确、可靠的传感器工作状态是结构健康监测系统正常运行的基础。长期在风、雨、雪、雹、震等自然环境下服役的面向民用基础设施的结构健康监测传感器，以及长期遭受宇宙辐射、临近空间、大气层等极端服役环境的面向航空航天领域结构健康监测的传感器，其可靠性是一项重要的工作指标，直接决定传感器网络系统的准确性，进而直接制约结构健康监测的准确性[113]。现有传感器布置工作都没有考虑在复杂工况以及不确定性中的传感器的变形、应力与温度等基本使用指标，用理想的传感器实现真实状态下的布置方案必然引起偏差，急需相关理论分析与数值仿真对其进行真实状态的分析研究。

1.2.3 大规模传感器布置算法的精度、效率与评价

大尺度结构监测的传感器布置问题对优化算法的需求是迫切的，其精度、效率将直接决定该问题的可实现性。此外，如何评估解的优劣，是否还存在最优解也是亟待突破的关键问题。

1. 大规模传感器布置的计算精度与效率

大型复杂结构自由度众多，每一个自由度都是潜在的传感器布置备选位置，对该问题利用传感器布置优化算法进行求解时计算规模将十分庞大，且当传感器数量继续增加时，优化求解的计算量将随之陡增，更难以收敛[31]。对于非超大尺度结构，当工程技术人员关注传感器的精准布置时，往往将网格离散密度增加到一定程度，这时的传感器布置优化计算量也将是惊人的[102]。尽管 1.1.1 节中提到

的现代智能优化技术能够处理海量优化设计变量的大规模寻优问题，但此时其求解能力将开始减弱，极易陷入局部最优解[19]。

2. 最优解、次优解的评价以及潜在最优解的存在

由于当大型复杂结构自由度与待布置的传感器数量众多时，很难评估此时获得的"解"是最优解还是次优解[114]。特别是将现有先进传感器布置优化方法应用于几何构型、边界条件和采样模态同时对称的结构，最终得到的传感器布置方案可能并非对称布置[71]，这就不禁让人产生疑问：优于经典方法的先进优化算法，获得的传感器布置方案是否为最优，是否还存在更优的布置方案，该现象既与优化算法、策略有关[107]，还与评价准则密不可分，是亟待解决的关键问题之一。

1.3 传感器布置方法的未来发展展望

为了更清楚地发挥传感器布置在结构健康监测领域的重要作用，促进结构动力学反问题走向工程应用发展，还需要在以下几个方面展开更深入的研究。

1.3.1 非完备信息与最优输入参数下传感器布置优化方法

1. 最优传感器布置输入参数的确定

进一步研究采样的模态阶次、需要布置的传感器数量、有限元离散网格的相互关系以及内在联系[112]，制定相应的筛选模态准则、充足但不浪费的传感器数量以及最经济的有限元网格离散建议。

2. 传感器测量性能对布置输入参数的影响分析

对于抗噪性能有限的传感器，过多布置于结构中往往会造成真实的振动响应信息被噪声淹没，因此并不是所布置的传感器数量越多越好。而传感器本身也具有可靠性指标，特别是在极端复杂环境下服役的结构，未来有必要将可靠性作为一项布置约束。

3. 非完备信息下传感器布置的分析与优化

结构不确定性、信息冗余、复杂服役的备份传感器处理等非完备信息是传感器布置工作面临的现实问题，未来需建立非完备信息下传感器布置分析与优化方法，以满足实际工程对不同的结构构型、监测需求、使用工况、服役环境等的需求。

1.3.2　基于信息融合技术的多类型传感器布置方法

1. 多类型传感器布置策略

单一传感器类型仅能提取结构动力学中的有限信息，布置多种类型的传感器可以实现各类型之间的互相弥补，探索能够最大程度发挥各类型传感器功效以满足不同监测需求的多类型传感器布置策略是未来实现结构损伤破坏形式诊断全覆盖的重要途径。

2. 多类型、多数量、多时段传感器数据融合

为监测不同类型的结构安全状态需要布置多类型传感器[115]，实现完整结构的健康诊断必须布置一定数量的传感器，而长期服役结构对监测系统提出了不同要求，因此，未来有必要发展基于信息融合技术的多类型、多数量、多时段传感器布置方法[31, 116]，实现振动、应变等不同信号以及不同位置和时段内传感器数据采集的信息融合[117]，通过监测数据融合算法提高传感器网络的容错性、自适应性、联想记忆和并行处理能力，从而健全布置传感器网络的完备性。

1.3.3　传感器布置的多目标优化算法综合设计

1. 多种传感器布置性能

目前的传感器布置方法主要是从模态独立、模态能量、系统可观性以及可靠性等单一指标进行设计和优化的，但是实际工程结构中往往需要对几个甚至多个传感器布置性能有很高的要求[118]，如卫星的结构健康监测需要将传感器布置于模态能量较大的位置以提高测量的信噪比，同时还应具备高可靠性以抵御宇宙射线环境的冲击，有时还需要避免布置于低可靠性的卫星折展位置。因此，未来针对不同的传感器布置性能，有必要开展基于多种传感器布置性能的相关研究。

2. 多目标优化算法

多个目标之间无法同时兼顾，甚至矛盾，且各个目标之间量纲往往不统一。因此，有必要发展基于如 NSGA-II 等高效的传感器布置多目标优化算法[119]，以满足实际工况中对不同传感器布置性能的要求[31]，从多个角度全面提高监测性能。

3. 多种评价准则

同一传感器布置结果通常不会在所有准则评价下表现优异，且实际工程技术人员关注的往往不止一个指标[16, 112]。因此，未来有必要设计一种能够覆盖主要

传感器布置准则的评价方法，实现性能的综合设计与表征。

1.3.4   基于人工智能的传感器布置优化算法策略

选取现有传感器布置优化算法时，需要挖掘原问题中可供利用的先验知识或设立某些假设，直接在大规模候选位置中寻优将会耗费大量计算成本[31,120]。因此，未来有必要发展利用人工智能方法获得海量信息下传感器的布置性能与准则的映射关系，以弥补先验信息缺失和假设不准的缺陷，通过深度神经网络等方法对多候选位置数据和多性能指标组成的样本空间进行训练[66,121-123]。

1.3.5   低信噪比、多工况下自适应的监测数据采集系统

受仪器设备条件限制与服役环境苛刻的影响，低信噪比下的传感器布置问题始终无法回避。在经济成本、重量成本以及实际工况等多重约束下，布置传感器的数量往往是欠完备的，并且长期受测量资源、系统功耗、监测仪器开机时间等多工况因素限制[124]。因此，未来在设计结构健康监测的传感器布置优化方法时，应重点提高其在低信噪比环境[16]、深度挖掘有限测点响应数据、多工况下高准确率预警数据采集系统[31]载荷依赖性下的问题[125-129]等结构中的自适应性[130-133]。

1.4   本 章 小 结

大型结构工程的进步以及制造技术的发展对结构的安全性与耐久性提出了越来越苛刻的要求，需要建立探测大型复杂结构的健康监测方法。作为结构健康监测的首要环节，传感器系统直接决定了监测与诊断的准确性，必须采用适当的优化方法来决定传感器布置的最佳方案。本章针对结构健康监测涉及的传感器布置问题，回顾了传感器布置优化方法、评价方法等研究进展，并针对其中的具体问题进行了评述。提炼出传感器布置中亟待解决的输入参数与性能之间的耦合关系，可靠性分析，大规模传感器布置优化算法的精度、效率与评价等若干关键问题，并展望了传感器布置领域的未来发展。

参 考 文 献

[1] 欧进萍. 重大工程结构的智能检测与健康诊断[J]. 工程力学, 2002, 增刊: 44-53.

[2] 马宏伟, 杨桂通. 结构损伤探测的基本方法和研究进展[J]. 力学进展, 1999, 29(4): 513-527.

[3] 袁慎芳, 邱雷, 吴键, 等. 大型飞机的发展对结构健康监测的需求与挑战[J]. 航空制造技

术, 2009, (22): 62-67.

[4]　武湛君, 渠晓溪, 高东岳, 等. 航空航天复合材料结构健康监测技术研究进展[J]. 航空制造技术, 2016, (15): 92-102, 109.

[5]　Ko J M, Ni Y Q. Technology developments in structural health monitoring of large-scale bridges[J]. Engineering Structures, 2005, 27(12): 1715-1725.

[6]　李惠, 鲍跃全, 李顺龙, 等. 结构健康监测数据科学与工程[M]. 北京: 科学出版社, 2016.

[7]　卿新林, 王奕首, 赵琳. 结构健康监测技术及其在航空航天领域中的应用[J]. 实验力学, 2012, 27(5): 517-526.

[8]　吴智深, 张建. 结构健康监测先进技术及理论[M]. 北京: 科学出版社, 2015.

[9]　姜绍飞, 吴兆旗. 结构健康监测与智能信息处理技术及应用[M]. 北京: 中国建筑工业出版社, 2011.

[10]　伊廷华, 李宏男. 结构健康监测[M]. 北京: 中国建筑工业出版社, 2009.

[11]　刘伟. 空间网格结构健康监测系统关键技术研究[D]. 哈尔滨: 哈尔滨工业大学, 2009.

[12]　Li J, Law S S. Substructural damage detection with incomplete information of the structure[J]. Journal of Applied Mechanics, 2012, 79(4): 1003.

[13]　Lynch J P, Loh K J. A summary review of wireless sensors and sensor networks for structural health monitoring[J]. Shock and Vibration Digest, 2006, 38(2): 91-130.

[14]　伊廷华, 王相, 李宏男. 考虑敏感性和鲁棒性相协调的多维传感器配置优化方法[J]. 振动工程学报, 2013, 26(4): 467-476.

[15]　周翠, 李东升, 李宏男. 结构模态测试传感器位置优选[J]. 振动工程学报, 2014, (1): 84-90.

[16]　李东升, 张莹, 任亮, 等. 结构健康监测中的传感器配置方法及评价准则[J]. 力学进展, 2011, 41(1): 39-50.

[17]　杨辰. 结构健康监测的传感器优化布置研究进展与展望[J]. 振动与冲击, 2020, 39(17): 12.

[18]　董晓马. 智能结构的损伤诊断及传感器优化配置研究[D]. 南京: 东南大学, 2006.

[19]　孙小猛. 基于模态观测的结构健康监测的传感器配置优化方法研究[D]. 大连: 大连理工大学, 2009.

[20]　徐典. 结构损伤识别方法与传感器配置优化研究[D]. 重庆: 重庆大学, 2011.

[21]　刘福强, 张令弥. 作动器/传感器优化配置的研究进展[J]. 力学进展, 2000, 30(4): 506-516.

[22]　费庆国, 李爱群, 缪长青, 等. 基于主列筛选的动态测试传感器配置方法研究[J]. 力学学报, 2008, 40(4): 543-549.

[23]　Li D S, Li H N, Frizen C P. On optimal sensor placement criterion for structural health

monitoring with representative least squares method[J]. Key Engineering Materials, 2009, 413/414: 383-391.

[24] 李东升, 李宏男, 王国新, 等. 传感器布设中有效独立法的简捷快速算法[J]. 防灾减灾工程学报, 2009, 29(1): 103-108.

[25] 刘伟, 高维成, 李惠, 等. 基于有效独立的改进传感器配置优化方法研究[J]. 振动与冲击, 2013, 32(6): 54-62.

[26] Hernandez E M. Efficient sensor placement for state estimation in structural dynamics[J]. Mechanical Systems & Signal Processing, 2017, 85: 789-800.

[27] Mercer J F, Aglietti G S, Kiley A M. Model reduction and sensor placement methods for finite element model correlation[J]. AIAA Journal, 2016, 54(12): 1-14.

[28] Chen B, Huang Z, Zheng D, et al. A hybrid method of optimal sensor placement for dynamic response monitoring of hydro-structures[J]. International Journal of Distributed Sensor Networks, 2017, 13(5): 155014771770772.

[29] Yang C, Lu Z X, Yang Z Y, et al. Parameter identification for structural dynamics based on interval analysis algorithm [J]. Acta Astronautica, 2018, 145: 131-140.

[30] Iliopoulos A, Shirzadeh R, Weijtjens W, et al. A modal decomposition and expansion approach for prediction of dynamic responses on a monopile offshore wind turbine using a limited number of vibration sensors[J]. Mechanical Systems & Signal Processing, 2016, (68/69): 84-104.

[31] Ostachowicz W, Soman R, Malinowski P. Optimization of sensor placement for structural health monitoring: A review[J]. Structural Health Monitoring, 2019, 18(3): 963-988.

[32] 刘效尧, 蔡健, 刘晖. 桥梁损伤诊断[M]. 北京: 人民交通出版社, 2002.

[33] Feng S, Jia J Q. Acceleration sensor placement technique for vibration test in structural health monitoring using microhabitat frog-leaping algorithm[J]. Structural Health Monitoring, 2017, (1): 147592171668837.

[34] Yi T H, Li H N, Gu M. Optimal sensor placement for structural health monitoring based on multiple optimization strategies[J]. Structural Design of Tall and Special Buildings, 2011, 20(7): 881-900.

[35] Yi T H, Li H N, Zhang X D. A modified monkey algorithm for optimal sensor placement in structural health monitoring[J]. Smart Materials and Structures, 2012, 21(10): 105033.

[36] He C, Xing J C, Li J L, et al. A combined optimal sensor placement strategy for the structural health monitoring of bridge structures[J]. International Journal of Distributed Sensor Networks, 2013, (4): 1-9.

[37] Jia J, Feng S, Liu W. A triaxial accelerometer monkey algorithm for optimal sensor

placement in structural health monitoring[J]. Measurement Science & Technology, 2015, 26(6): 065104.

[38] Kammer D C. Sensor placement for on-orbit modal identification and correlation of large space structures[J]. Journal of Guidance, Control and Dynamics, 1991, 14: 251-259.

[39] Carne T G, Dohrmann C R. A modal test design strategy for model correlation[C]// Proceedings of the 13th International Modal Analysis Conference, Nashcille, TN, USA, 1995.

[40] Heylen W, Lammens S. Modal Analysis Theory and Testing[M]. Brussels: Katholieke Unversiteit Leuven, 1998.

[41] DeClerck J P, Avitable P. Development of several new tools for pre-test evaluation[C]// Proceedings of the 16th International Modal Analysis Conference, Orlando, Fl, USA, 1998.

[42] Udwadia F E. Methodology for optimum sensor locations for parameter identification in dynamic systems[J]. Journal of Engineering Mechanics-ASCE, 1994, 120: 36-39.

[43] Papadopoulos M, Garicia E. Sensor placement methodologies for dynamic testing[J]. AIAA Journal, 1998, 36: 256-263.

[44] Glassburn R S. Evaluation of sensor placement algorithms for on-orbit identification of space platforms[D]. Lexington: University of Kentucky, 1994.

[45] Chung Y T, Moore D. Selection of measurement locations for experimental modal analysis[C]//Proceedings of the 11th International Modal Analysis Conference, Orlando, Fl, USA, 1993.

[46] Pickrel C R. A practical approach to modal pretest design[J]. Mechanical System and Signal Processing, 1999, 13: 271-295.

[47] Schedlinski C, Link M. An approach to optimal pick-up and exciter placement[C]// Proceedings of the 14th International Modal Analysis Conference, Orlando, Fl, USA, 1996.

[48] Park Y S, Kim H B. Sensor placement guide for model comparison and improvement[C]// Proceedings of the 14th International Modal Analysis Conference, Orlando, Fl, USA, 1996.

[49] Reynier M, Abou-Kandil H. Sensor location for updating problems[J]. Mechanical System and Singal Processing, 1999, 13(2): 297-314.

[50] Cherng A P. Optimal sensor placement for modal parameter identification using signal subspace correlation techniques[J]. Mechanical Systems and Signal Processing, 1999, 17(2): 361-378.

[51] Penny J, Friswell M I, Garvey S D. Automatic choice of measurement locations for dynamic testing[J]. AIAA Journal, 1994, 32: 407-414.

[52] Ewins D J. Modal Testing: Theory, Practice and Application[M]. Hertfordshire: Research Studies Press, 2000.

[53] Friswell M I, Mottershead J E. Finite Element Model Updating in Structural Dynamics[M]. Dordrech: Kluwer Academic Publisher, 1995.

[54] Flanigan C C, Botos C D. Automated selection of accelerometer locations for modal survey test[C]//Proceedings of the 10th International Modal Analysis Conference, Orlando, Fl, USA, 1992.

[55] Meo M, Zumpano G. On the optimal sensor placement techniques for a bridge structure[J]. Engineering Structures, 2005, 27(10): 1488-1497.

[56] Li D S, Li H N, Frizen C P. The connection between effective independence and modal kinetic energy methods for sensor placement[J]. Journal of Sound and Vibration, 2007, 305: 945-955.

[57] 杨雅勋, 郝宪武, 孙磊. 基于能量系数-有效独立法的桥梁结构传感器配置优化[J]. 振动与冲击, 2010, 29(11): 119-123.

[58] 詹杰子, 余岭. 传感器配置优化的有效独立-改进模态应变能方法[J]. 振动与冲击, 2017, 36(1): 82-87.

[59] 吴子燕, 代凤娟, 宋静, 等. 损伤检测中的传感器配置优化方法研究[J]. 西北工业大学学报, 2007, 25(4): 503-507.

[60] 孙红春, 胥勇. 砂轮划片机模态测试中的传感器测点优化研究[J]. 振动与冲击, 2017, 36(5): 187-191.

[61] Cruz A, Vélez W, Thomson P. Optimal sensor placement for modal identification of structures using genetic algorithms-a case study: The olympic stadium in Cali, Colombia[J]. Annals of Operations Research, 2010, 181(1): 769-781.

[62] Liu W, Gao W C, Sun Y, et al. Optimal sensor placement for spatial lattice structure based on genetic algorithms[J]. Journal of Sound and Vibration, 2008, 317(1/2): 175-189.

[63] Yao L, Sethares W A, Kammer D C. Sensor placement for on-orbit modal identification via a genetic algorithm[J]. AIAA Journal, 2012, 31(10): 1922-1928.

[64] Jung B K, Cho J R, Jeong W B. Sensor placement optimization for structural modal identification of flexible structures using genetic algorithm[J]. Journal of Mechanical Science and Technology, 2015, 29(7): 2775-2783.

[65] Mahdavi S H, Razak H A. Optimal sensor placement for time-domain identification using a wavelet-based genetic algorithm[J]. Smart Materials and Structures, 2016, 25(6): 065006.

[66] Downey A, Hu C, Laflamme S. Optimal sensor placement within a hybrid dense sensor network using an adaptive genetic algorithm with learning gene pool[J]. Structural Health Monitoring, 2018, 17(3): 450-460.

[67] Seyedpoor S M. A two stage method for structural damage detection using a modal strain

energy based index and particle swarm optimization[J]. Advances in Swarm Intelligence, 2012, 47(1): 1-8.

[68] 赵建华, 张陵, 孙清. 利用粒子群算法的传感器配置优化及结构损伤识别研究[J]. 西安交通大学学报, 2015, (1): 79-85.

[69] Yi T H, Li H N, Wang C. Multiaxial sensor placement optimization in structural health monitoring using distributed wolf algorithm[J]. Structural Control and Health Monitoring, 2016, 23(4): 719-734.

[70] Li S, Zhang H, Liu S, et al. Optimal sensor placement using FRFs-based clustering method[J]. Journal of Sound and Vibration, 2016, 385: 69-80.

[71] Yoganathan D, Kondepudi S, Kalluri B, et al. Optimal sensor placement strategy for office buildings using clustering algorithms[J]. Energy and Buildings, 2018, 158: 1206-1225.

[72] 张恒, 李世其, 刘世平, 等. 一种聚类优化的传感器配置方法研究[J]. 振动与冲击, 2017, 36(14): 61-65.

[73] Sun H, Büyüköztürk O. Optimal sensor placement in structural health monitoring using discrete optimization[J]. Smart Materials and Structures, 2015, 24(12): 125034.

[74] Lu W, Wen R, Teng J, et al. Data correlation analysis for optimal sensor placement using a bond energy algorithm[J]. Measurement, 2016, 91: 509-518.

[75] Yi T H, Li H N, Zhang X D. Health monitoring sensor placement optimization for Canton Tower using immune monkey algorithm[J]. Structural Control and Health Monitoring, 2015, 22(1): 123-138.

[76] Yi T H, Li H N, Song G, et al. Optimal sensor placement for health monitoring of high-rise structure using adaptive monkey algorithm[J]. Structural Control and Health Monitoring, 2015, 22(4): 667-681.

[77] Yi T H, Li H N, Zhang X D. Sensor placement on Canton Tower for health monitoring using asynchronous-climb monkey algorithm[J]. Smart Materials and Structures, 2012, 21(12): 125023.

[78] 伊廷华, 张旭东, 李宏男. 基于小生境猴群算法的传感器优化布置方法研究[J]. 工程力学, 2014, (9): 112-119.

[79] Lian J J, He L J, Ma B, et al. Optimal sensor placement for large structures using the nearest neighbour index and a hybrid swarm intelligence algorithm[J]. Smart Materials and Structures, 2013, 22(9): 692-700.

[80] Li B, Kiureghian A D. Robust optimal sensor placement for operational modal analysis based on maximum expected utility[J]. Mechanical Systems & Signal Processing, 2016, 75: 155-175.

[81] Molyboha A, Zabarankin M. Stochastic optimization of sensor placement for diver detection[J]. Operations Research, 2012, 60(2): 292-312.

[82] Guratzsch R F, Mahadevan S. Structural health monitoring sensor placement optimization under uncertainty[J]. AIAA Journal, 2010, 48(7): 1281-1289.

[83] Castro-Triguero R, Saavedra Flores E I, DiazDelaO F A, et al. Optimal sensor placement in timber structures by means of a multi-scale approach with material uncertainty[J]. Structural Control and Health Monitoring, 2014, 21(12): 1437-1452.

[84] Castro-Triguero R, Murugan S, Gallego R, et al. Robustness of optimal sensor placement under parametric uncertainty[J]. Mechanical Systems and Signal Processing, 2013, 41(1/2): 268-287.

[85] Vincenzi L, Simonini L. Influence of model errors in optimal sensor placement[J]. Journal of Sound and Vibration, 2017, 389: 119-133.

[86] Kim T, Youn B D, Oh H. Development of a stochastic effective independence (SEfI) method for optimal sensor placement under uncertainty[J]. Mechanical Systems and Signal Processing, 2018, 111: 615-627.

[87] Papadimitriou C, Lombaert G. The effect of prediction error correlation on optimal sensor placement in structural dynamics[J]. Mechanical Systems and Signal Processing, 2012, 28: 105-127.

[88] Qiu Z, Elishakoff I. Antioptimization of structures with large uncertain-but-non-random parameters via interval analysis[J]. Computer Methods in Applied Mechanics and Engineering, 1998, 152(3/4): 361-372.

[89] Qiu Z, Wang X. Comparison of dynamic response of structures with uncertain-but-bounded parameters using non-probabilistic interval analysis method and probabilistic approach[J]. International Journal of Solids and Structures, 2003, 40(20): 5423-5439.

[90] 王磊, 王晓军, 邱志平. 不确定性结构分析与优化设计专题·编者按[J]. 中国科学: 物理学、力学、天文学, 2018, 48(1): 2.

[91] Yang C, Lu Z X, Yang Z Y. Robust optimal sensor placement for uncertain structures with interval parameters [J]. IEEE Sensors Journal, 2018, 18(5): 2031-2041.

[92] Yang C, Lu Z X. An interval effective independence method for optimal sensor placement based on non-probabilistic approach[J]. Science China Technological Sciences, 2017, 60(2): 186-198.

[93] Stephan C. Sensor placement for modal identification[J]. Mechanical Systems and Signal Processing, 2012, 27(1): 461-470.

[94] Friswell M I, Castrotriguero R. Clustering of sensor locations using the effective

independence method[J]. AIAA Journal, 2015, 53(5): 1-3.

[95] Li D S, Li H N, Fritzen C P. Comments on "Clustering of sensor locations using the effective independence method"[J]. AIAA Journal, 2016, 54(6): 1-2.

[96] 何龙军, 练继建, 马斌, 等. 基于距离系数-有效独立法的大型空间结构传感器配置优化[J]. 振动与冲击, 2013, 32(16): 13-18.

[97] 张建伟, 刘轩然, 赵瑜, 等. 基于有效独立-总位移法的水工结构振测传感器配置优化[J]. 振动与冲击, 2016, 35(8): 148-153.

[98] Bonisoli E, Delprete C, Rosso C. Proposal of a modal-geometrical-based master nodes selection criterion in modal analysis[J]. Mechanical Systems and Signal Processing, 2009, 23: 606-620.

[99] 蔡智恒, 周金柱, 唐宝富, 等. 面向结构形变重构的应变传感器优化布局[J]. 振动与冲击, 2019, 38(14): 83-88.

[100] Yang C, Zhang X P, Huang X Q, et al. Optimal sensor placement for deployable antenna module health monitoring in SSPS using genetic algorithm[J]. Acta Astronautica, 2017, 140: 213-224.

[101] Yang C, Liang K, Zhang X P, et al. Sensor placement algorithm for structural health monitoring with redundancy elimination model based on sub-clustering strategy[J]. Mechanical Systems and Signal Processing, 2019, 124: 369-387.

[102] Yang C. Sensor placement for structural health monitoring using hybrid optimization algorithm based on sensor distribution index and FE grids[J]. Structural Control and Health Monitoring, 2018: e2160.

[103] Yang C, Zheng W Z, Zhang X P. Optimal sensor placement for spatial lattice structure based on three-dimensional redundancy elimination model[J]. Applied Mathematical Modelling, 2019, 66: 576-591.

[104] Santi L M, Sowers T S, Aguila R B. Optimal sensor selection for health monitoring systems[J]. AIAA Journal, 2005: 1-22.

[105] Yi T H, Li H N. Methodology developments in sensor placement for health monitoring of civil infrastructures[J]. International Journal of Distributed Sensor Networks, 2012: 601-617.

[106] 伊廷华, 李宏男, 顾明. 结构健康监测中基于多重优化策略的传感器配置方法[J]. 建筑结构学报, 2011, 32(12): 217-223.

[107] Zhang J, Maes K, Roeck G D, et al. Optimal sensor placement for multi-setup modal analysis of structures[J]. Journal of Sound and Vibration, 2017, 401: 214-232.

[108] Yang W, Sun L, Yu G. Optimal sensor placement methodology for uncertainty reduction in the assessment of structural condition[J]. Structural Control and Health Monitoring, 2017,

24(6): e1927.

[109]Yuen K, Kuok S. Efficient Bayesian sensor placement algorithm for structural identification: A general approach for multi-type sensory systems[J]. Earthquake Engineering & Structural Dynamics, 2015, 44(5): 757-774.

[110]Li B B, Li D S, Zhao X F, et al. Optimal sensor placement in health monitoring of suspension bridge[J]. Science China Technological Sciences, 2012, 55(7): 2039-2047.

[111]Liu K, Yan R J, Soares C G. Optimal sensor placement and assessment for modal identification[J]. Ocean Engineering, 2018, 165: 209-220.

[112]王娟. 结构时域辨识方法及传感器配置优化问题研究[D]. 北京：北京交通大学, 2013.

[113]Salehpour-Oskouei F, Pourgol-Mohammad M. Sensor placement determination in system health monitoring process based on dual information risk and uncertainty criteria[C]// Proceedings of the Institution of Mechanical Engineers, Part O: Journal of Risk and Reliability, 2018, 232(1): 65-81.

[114]Zhang C D, Xu Y L. Optimal multi-type sensor placement for response and excitation reconstruction[J]. Journal of Sound and Vibration, 2016, 360: 112-128.

[115]Zhang X H, Xu Y L, Zhu S, et al. Dual-type sensor placement for multi-scale response reconstruction[J]. Mechatronics, 2014, 24(4): 376-384.

[116]Lin J F, Xu Y L, Law S S. Structural damage detection-oriented multi-type sensor placement with multi-objective optimization[J]. Journal of Sound and Vibration, 2018, 422: 568-589.

[117]Soman R, Kyriakides M, Onoufriou T, et al. Numerical evaluation of multi-metric data fusion based structural health monitoring of long span bridge structures[J]. Structure and Infrastructure Engineering, 2018, 14(6): 673-684.

[118]Domingo-Perez F, Lazaro-Galilea J L, Wieser A, et al. Sensor placement determination for range-difference positioning using evolutionary multi-objective optimization[J]. Expert Systems with Applications, 2016, 47: 95-105.

[119]Xu Y L, Zhang X H, Zhu S, et al. Multi-type sensor placement and response reconstruction for structural health monitoring of long-span suspension bridges[J]. Science Bulletin, 2016, 61(4): 313-329.

[120]Tan Y, Zhang L. Computational methodologies for optimal sensor placement in structural health monitoring: A review[J]. Structural Health Monitoring, 2020, 19(4): 1287-1308.

[121]Wang Z, Li H X, Chen C. Reinforcement learning-based optimal sensor placement for spatiotemporal modeling[J]. IEEE Transactions on Cybernetics, 2019, 50(6): 2861-2871.

[122]Semaan R. Optimal sensor placement using machine learning[J]. Computers & Fluids, 2017, 159: 167-176.

[123]Paris R, Beneddine S, Dandois J. Robust flow control and optimal sensor placement using deep reinforcement learning[J]. Journal of Fluid Mechanics, 2021: 913.

[124]曾超, 汤宝平, 肖鑫, 等. 低功耗机械振动无线传感器网络节点结构设计[J]. 振动与冲击, 2017, 36(14): 33-37.

[125]Li D S, Li H N, Fritzen C P. Load dependent sensor placement method: Theory and experimental validation[J]. Mechanical Systems and Signal Processing, 2012, 31: 217-227.

[126]Yang C, Ouyang H. A novel load-dependent sensor placement method for model updating based on time-dependent reliability optimization considering multi-source uncertainties[J]. Mechanical Systems and Signal Processing, 2022, 165: 108386.

[127]Yang C. A novel uncertainty-oriented regularization method for load identification[J]. Mechanical Systems and Signal Processing, 2021, 158: 107774.

[128]Yang C, Xia Y. A novel two-step strategy of non-probabilistic multi-objective optimization for load-dependent sensor placement with interval uncertainties[J]. Mechanical Systems and Signal Processing, 2022, 176: 109173.

[129]Yang C, Xia Y. A multi-objective optimization strategy of load-dependent sensor number determination and placement for on-orbit modal identification[J]. Measurement, 2022, 200: 111682.

[130]Guo Z, Zhou M C, Jiang G. Adaptive sensor placement and boundary estimation for monitoring mass objects[J]. IEEE Transactions on Systems, Man, and Cybernetics, Part B (Cybernetics), 2008, 38(1): 222-232.

[131]Peng F, Ng A, Hu Y R. Actuator placement optimization and adaptive vibration control of plate smart structures[J]. Journal of Intelligent Material Systems and Structures, 2005, 16(3): 263-271.

[132]Chakraborty D, Kovvali N, Papandreou-Suppappola A, et al. An adaptive learning damage estimation method for structural health monitoring[J]. Journal of Intelligent Material Systems and Structures, 2015, 26(2): 125-143.

[133]Chen S, Cerda F, Rizzo P, et al. Semi-supervised multiresolution classification using adaptive graph filtering with application to indirect bridge structural health monitoring[J]. IEEE Transactions on Signal Processing, 2014, 62(11): 2879-2893.

第一篇　基于非概率理论的传感器
布置分析与优化设计

第2章 基于非概率区间可能度的传感器数量决定方法

2.1 引　言

在深入讨论传感器布置优化方法之前,需要根据结构的不同尺度以及结构健康监测需求决定传感器的数量。近几年,国内外众多学者为决定不同传感器布置优化方法的最佳传感器数量开展了大量研究工作。在此之中,常用的方法是绘制传感器布置性能与传感器数量的关系曲线,当传感器的数量超过该曲线拐点时,传感器测量到的冗余信息逐渐开始干扰真实测量信息。因此,可将该拐点对应的传感器数量设置为阈值,代表该结构的最佳传感器布置数量[1-3]。换言之,冗余数量的传感器获得的模态信息将会与先前传感器获得的模态信息具有很强的线性相关性。此外,数据采集系统(传感器及其配套监测仪器设备)的成本较高,因此布置过多的传感器及其配套系统并不经济。同样,Jia 等[2]发现,当传感器数量增加到超过阈值时,目标函数值呈低速增长;Bruggi 和 Mariani[4]也揭示了几乎相同的结果。但是,以往的研究工作通常是在确定或完备的信息前提下开展最佳布置传感器数量研究。然而,在解决存在不确定性和冗余性等非完备信息的传感器布置优化问题时,利用上述介绍的确定性的传感器数量优化方法可能会存在误差,影响最佳传感器数量的判定。此外,利用概率统计方法来量化传感器布置优化中的不确定性,需要较大成本。在缺乏不确定性统计信息时,采用非概率区间分析方法具有一定的优势,因此本章将有效独立法中的不确定性行列式扩展为区间形式,并应用非概率区间可能度模型来决定最佳的传感器布置数量。

2.2　基于 Fisher 信息矩阵的传感器布置优化适应度函数

根据有效独立法的基本原理,当 Fisher 信息矩阵 $\boldsymbol{Q}$ 最大时,广义坐标 $\hat{\boldsymbol{q}}$ 为最佳估计。因此,通常用行列式作为衡量该矩阵线性独立性的一个重要指标。对 Fisher 信息矩阵取行列式值,并用该值作为衡量传感器布置性能的指标:

$$f_{\text{Efi}} = \det(\boldsymbol{\Phi}^{\mathrm{T}}\boldsymbol{\Phi}) = \det(\boldsymbol{Q}) \tag{2.1}$$

该指标可以理解为：从全部可布置传感器的 n 个结构自由度出发，筛选 m 个传感器，并提取模态矩阵相对应的行向量重组成子矩阵。该行列式值越大，所对应的传感器布置性能越好。根据矩阵分析理论，矩阵的行列式可以转化为求其全部特征值之积：

$$f_{\text{Efi}} = \prod_{i=1}^{N} \lambda_i \tag{2.2}$$

其中，λ_i 代表 Fisher 信息矩阵 $\boldsymbol{Q}$ 的第 i 阶特征值，N 为传感器布置所需的模态阶次数目。

上述基于 Fisher 信息矩阵行列式的指标可以较为容易地利用优化算法求解。需要注意的是，该指标是建立在名义的结构动力学系统基础上，当系统存在不确定性时并不适用。

2.3　基于区间可能度模型的不确定性传感器数量决定策略

在现有的传感器布置优化研究中，可使用 $m-1$ 个和 m 个传感器的最佳行列式指标来决定最佳传感器数量。该过程可以描述为

$$\left| \frac{f_{\text{Efi}}(m) - f_{\text{Efi}}(m-1)}{f_{\text{Efi}}(m)} \right| < \text{tol} \tag{2.3}$$

其中，$f_{\text{Efi}}(m-1)$ 和 $f_{\text{Efi}}(m)$ 分别为 $m-1$ 个和 m 个传感器的最佳优化目标值；tol 是收敛条件的容差。当式 (2.3) 收敛时，传感器数量随之可以决定。

然而，此方法仅适用于确定性结构。结构中若存在不确定的参数，将会影响 $f_{\text{Efi}}(m-1)$ 和 $f_{\text{Efi}}(m)$ 的变化趋势。近年来，非概率凸集[5, 6]、区间分析模型[7, 8]、模糊集[9]等不确定性理论迅速发展，衍生出了大量与传统概率方法并行的不确定性问题处理方法。该方法近几年也成功应用于结构动力学反问题领域[10-13]，特别是在结构损伤识别[14, 15]、载荷辨识[16-19]、结构参数辨识[20,21]等领域中展现了较好的优越性，这也为本章提出一种在不确定性信息下决定最佳传感器数量方法提供了理论支撑。在上述基于确定性曲线拐点决定最佳传感器数量思路的启发下，本章利用非概率区间方法建立传感器布置的区间模型，来决定具有不确定信息的最佳传感器数量。

假设 m 个传感器的区间可能度为模型 $P(m)$，可以表征为 $f_{\text{Efi}}^{\text{I}}(m-1)$ 与 $f_{\text{Efi}}^{\text{I}}(m)$ 的区间干涉的关系：

$$P(m) = \begin{cases} \dfrac{\min\left[\overline{f_{\text{Efi}}(m-1)}, \overline{f_{\text{Efi}}(m)}\right] - \max\left[\underline{f_{\text{Efi}}(m-1)}, \underline{f_{\text{Efi}}(m)}\right]}{\max\left[\overline{f_{\text{Efi}}(m-1)}, \overline{f_{\text{Efi}}(m)}\right] - \min\left[\underline{f_{\text{Efi}}(m-1)}, \underline{f_{\text{Efi}}(m)}\right]}, & \left[f_{\text{Efi}}(m-1)\right]^{\text{I}} \bigcap \left[f_{\text{Efi}}(m)\right]^{\text{I}} \neq \varnothing \\[4mm] 0, & \left[f_{\text{Efi}}(m-1)\right]^{\text{I}} \bigcap \left[f_{\text{Efi}}(m)\right]^{\text{I}} = \varnothing \end{cases} \quad (2.4)$$

其中，$\underline{f_{\text{Efi}}}(m-1)$ 与 $\overline{f_{\text{Efi}}}(m-1)$ 分别为 $m-1$ 个传感器布置最优目标值的上下界，$\underline{f_{\text{Efi}}}(m)$ 和 $\overline{f_{\text{Efi}}}(m)$ 分别为 m 个传感器布置最优目标值的上下界，上述区间求解方法将在第 4 章详细介绍。定义的区间可能度模型如图 2.1 所示。

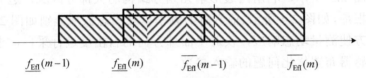

$$\underline{f_{\text{Efi}}}(m-1) \qquad \underline{f_{\text{Efi}}}(m) \qquad \overline{f_{\text{Efi}}}(m-1) \qquad \overline{f_{\text{Efi}}}(m)$$

图 2.1　在 $m-1$ 个和 m 个传感器上区间 Fisher 信息矩阵的区间可能度模型

因此，当结构存在不确定性信息时，传感器数量的决定方法可以描述为

$$S(m) = \left\{ \exists m : \left| \frac{P(m) - P(m-1)}{P(m)} \right| \leq \text{tol} \right\} \quad (2.5)$$

其中，$S(m)$ 为基于区间可能度模型和有效独立法的最佳传感器数量和传感器布置优化结果的解集，详细的几何示意图如图 2.2 所示。

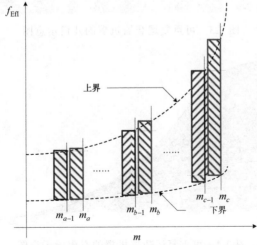

图 2.2　基于区间 Fisher 信息矩阵的传感器数量区间可能度模型

2.4　数　值　算　例

2.4.1　可重复运载器机翼

可重复运载器作为一种先进的空天飞行器，可以反复穿越大气层，并实现高效率的天地往返运输。然而，由于反复受到临近空间环境的冲击，可重复运载器的结构分系统将会产生损伤。为了保证其运行的安全可靠，同时减少维修成本，可重复运载器的设计必须考虑以下因素：高可靠性、鲁棒性、故障易诊断性以及可维修性。

本节考虑将本章提出的传感器布置数量决定方法应用于某可重复运载器的机翼结构，如图 2.3 所示，利用四边形单元划分结构的大部分区域，边界条件考虑为约束机翼根部，如图 2.4 所示。前六阶的频率以及模态振型分别如图 2.5 和表 2.1 所示。为了方便测量动态响应，仅对平面外方向的自由度进行采样，求解前六阶模态作为传感器布置优化问题的输入参数。

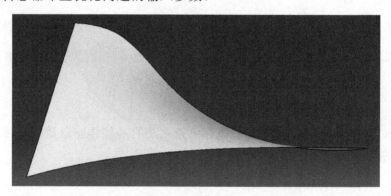

图 2.3　可重复运载器机翼的几何示意图

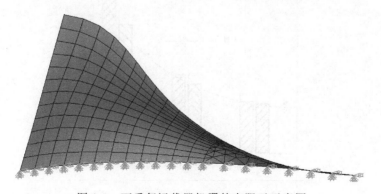

图 2.4　可重复运载器机翼的有限元示意图

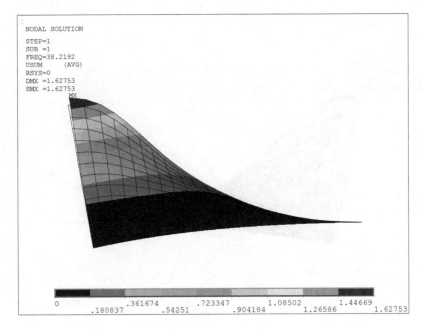

(a)第一阶模态振型图

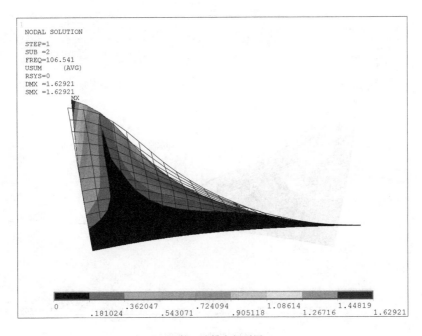

(b)第二阶模态振型图

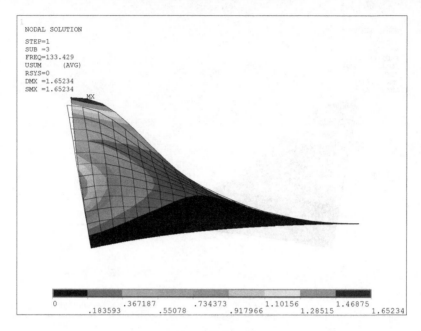

(c)第三阶模态振型图

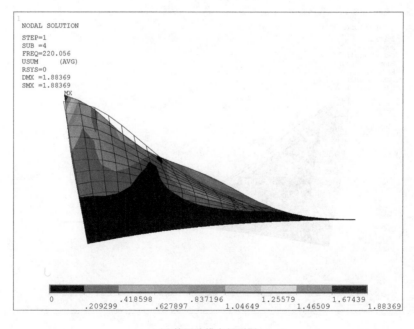

(d)第四阶模态振型图

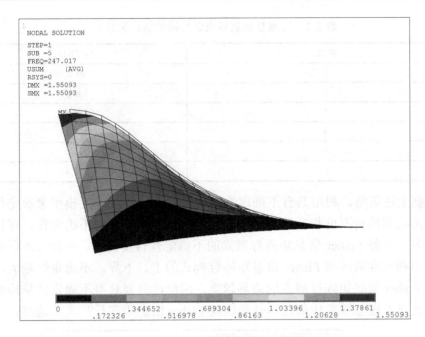

(e) 第五阶模态振型图

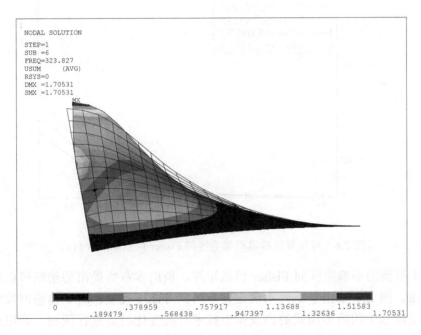

(f) 第六阶模态振型图

图 2.5　可重复运载器机翼的模态振型图

表 2.1　可重复运载器机翼结构的前六阶频率

阶次	频率/Hz
1	38.2
2	106.5
3	133.4
4	220.1
5	247.0
6	323.8

　　根据上述策略，利用具有不确定性结构参数的区间可能度模型来决定传感器数量。考虑到结构刚度和质量中分别存在 2%、5% 和 10% 的不确定性，可以采用非概率方法获得 Fisher 信息矩阵行列式的不确定性传播情况，如图 2.6 所示，可知三个不确定度的区间 Fisher 信息矩阵行列式的上、下界。不确定性越大，不确定区间 Fisher 信息矩阵行列式的边界越宽。因此，只要获得不确定性结构参数的边界，就可通过非概率传播过程获得区间 Fisher 信息矩阵行列式的边界。

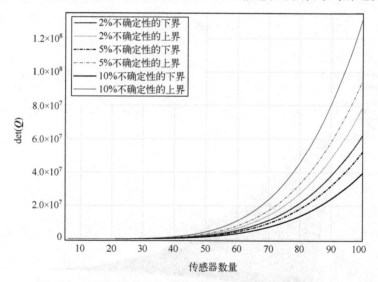

图 2.6　可重复运载器机翼的区间 Fisher 信息矩阵行列式

　　基于得到的不确定区间 Fisher 信息矩阵，借助本章所提出的策略可以决定传感器数量。图 2.7 给出了不同不确定度下区间可能度模型相对于传感器数量的结果，并采用基于四阶多项式的曲线拟合技术对其变化趋势进行预测。利用所获得的趋势，可以合理地得出以下结论：当传感器数量较小时，区间可能度也较小。因此，相邻两个传感器的区间可能度相差较大，导致式 (2.5) 不能收敛。随着传感器数量的增加，区间可能度的差异减小，满足式 (2.5) 中的收敛条件。在 2%、5% 和 10%的不确定度下，最终的传感器个数分别为 73、47 和 36。不确定性程度越大，建议布置传感器数量越小，如图 2.7 所示。原因可以解释为，随着结构不确定性和实测噪声的增加，若依然布置大量传感器，信噪比将会降低。因此，在具有较大不确定性或噪声系统的结构健康监测中，应减少传感器的使用。将所提出传感器布置优化策略与以往的文献[10]进行对比，结果表明所决定传感器数量的趋势一致。

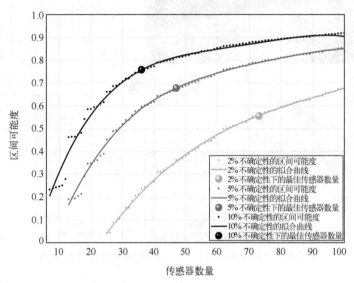

图 2.7　利用区间可能度模型确定可重复运载器机翼的传感器数量

2.4.2　空间太阳能电站天线板

如图 2.8 所示，空间太阳能电站作为一种先进的航天器系统，通过在地球同步轨道构建巨大的电池阵以收集太阳能，并转化为电能输送到巨大的微波天线阵中，再以微波无线能量传输的方式将能量最终传输到地面，这将对未来的能源供给产生重大的推动作用。根据发电成本需求，空间太阳能电站的尺寸、质量以及在轨服役时间分别为 10km、10000t 以及 30 年，远远超过现在的卫星设计指标。在空间太阳能电站服役期内，结构分系统中的天线展开模块会存在一系列潜在的损伤，如对接组装冲击、空间碎片撞击以及结构表面材料的蜕化。因此，空间太阳能电站概念的设计过程中，需要应用结构健康监测系统以及传感器网络实时监测出现的损伤。本节将提出的传感器布置方法应用于空间太阳能电站的展开天线阵模块中以验证所提方法的准确性。

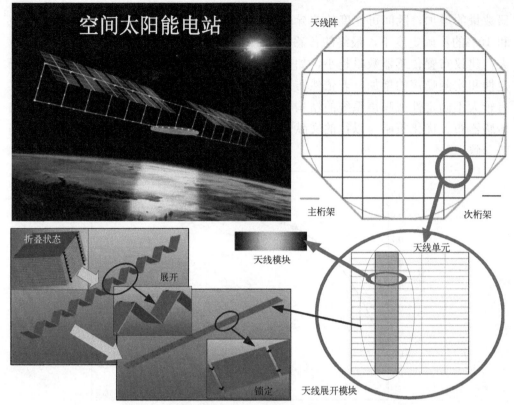

图 2.8　空间太阳能电站天线展开模块的几何示意图

如图 2.8 所示的空间太阳能电站系统是一个由主桁架、次桁架以及天线单元构成的直径为 1km 天线阵。其中，天线单元可划分为 100m×100m 的天线子阵，每个天线子阵可划分为五个 20m×100m 的天线展开模块，天线展开模块的有限元模型如图 2.9 所示。在初始设计阶段的具体参数如下：天线展开模块的厚度为 0.15m，杨氏弹性模量为 70GPa，泊松比为 0.3，密度为 4kg/m^2。利用四边形板单元对该结构进行离散，边界条件为对称的短边固支、对称的长边自由。前六阶频率以及模态振型分别如图 2.10 和表 2.2 所示。

下面利用具有不确定参数的区间可能度模型决定空间太阳能电站的天线展开模块中用于结构健康监测的传感器数量。如图 2.11 所示，分别考虑了结构刚度和质量存在 2%、5% 和 10% 的不确定性的情况，并利用非概率方法依次计算不确定性区间 Fisher 信息矩阵行列式。图 2.12 中分别展示了通过区间可能度模型在不同不确定度的传感器布置性能参数，并进行曲线拟合以显示其变化趋势。该算例所反映的现象和趋势与上一节的可重复运载器算例大致相同。因此，在 2%、5% 和 10% 不确定度下，最终确定的传感器数量分别为 85、34 和 28。

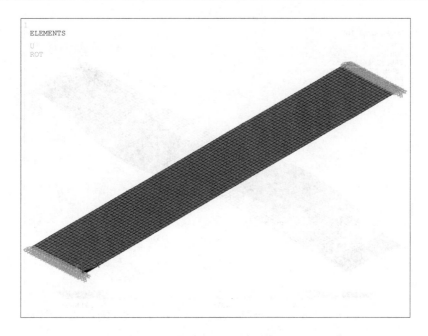

图 2.9　空间太阳能电站天线展开模块的有限元图

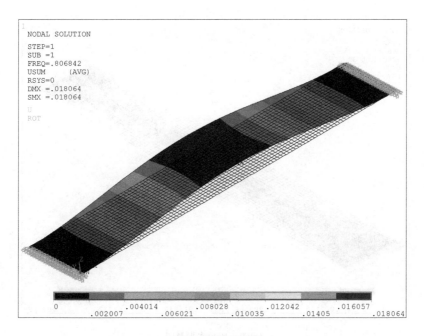

(a)第一阶模态振型图

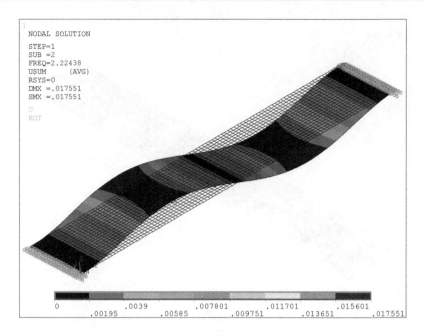

(b) 第二阶模态振型图

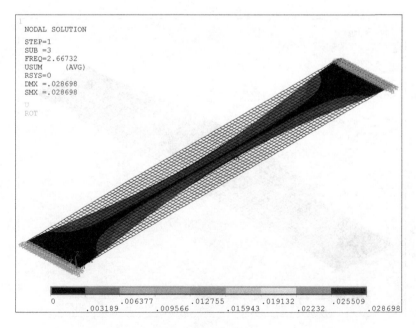

(c) 第三阶模态振型图

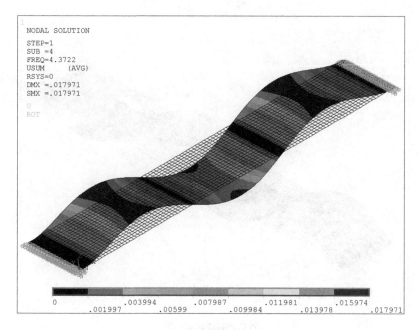

(d) 第四阶模态振型图

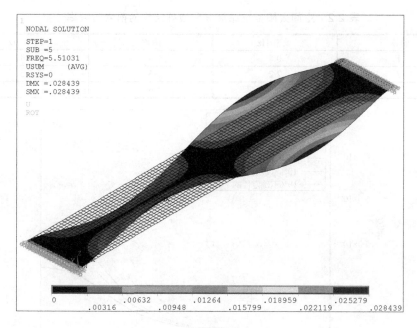

(e) 第五阶模态振型图

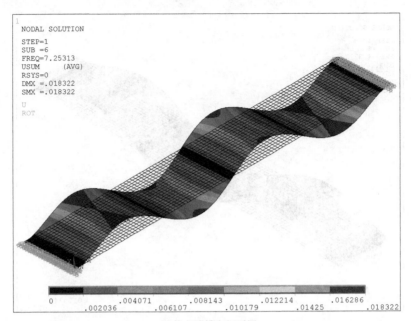

(f) 第六阶模态振型图

图 2.10　空间太阳能电站天线展开模块的前六阶模态振型图

表 2.2　空间太阳能电站展开天线阵结构的前六阶频率

阶次	频率/Hz	阶次	频率/Hz
1	0.8	4	4.4
2	2.2	5	5.5
3	2.7	6	7.3

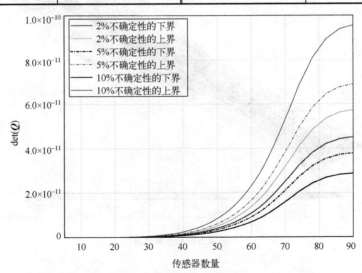

图 2.11　空间太阳能电站天线板的区间 Fisher 信息矩阵行列式

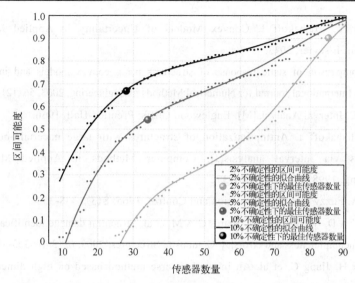

图 2.12　利用区间可能度模型确定空间太阳能电站天线板的传感器数量

2.5　本 章 小 结

为了克服描述不确定性结构参数特征的困难,本章将不确定性量化为区间数。采用非概率方法来计算不确定性传播过程,求解了区间 Fisher 信息矩阵的行列式,并使用区间可能度模型来决定最佳传感器数量。通过两个工程数值算例进行了验证,研究了不同不确定性度与布置传感器数量之间的关系。

参 考 文 献

[1] Yi T H, Li H N, Zhang X D. A modified monkey algorithm for optimal sensor placement in structural health monitoring[J]. Smart Materials and Structures, 2012, 21 (10): 105033.

[2] Jia J, Feng S, Liu W. A triaxial accelerometer monkey algorithm for optimal sensor placement in structural health monitoring[J]. Measurement Science & Technology, 2015, 26 (6): 065104.

[3] He C, Xing J C, Li J L, et al. A combined optimal sensor placement strategy for the structural health monitoring of bridge structures[J]. International Journal of Distributed Sensor Networks, 2013, (4): 1-9.

[4] Bruggi M, Mariani S. Optimization of sensor placement to detect damage in flexible plates[J]. Engineering Optimization, 2013, 45 (6): 659-676.

[5] Ben-Haim Y, Elishakoff I. Convex Models of Uncertainty in Applied Mechanics[M]. Amsterdam: Elsevier, 2013.

[6] Qiu Z. Comparison of static response of structures using convex models and interval analysis method[J]. International Journal for Numerical Methods in Engineering, 2003, 56(12): 1735-1753.

[7] Moore R E. Interval Analysis[M]. Englewood Cliffs: Prentice-Hall, 1966.

[8] Qiu Z, Elishakoff I. Antioptimization of structures with large uncertain-but-non-random parameters via interval analysis[J]. Computer Methods in Applied Mechanics and Engineering, 1998, 152(3/4): 361-372.

[9] Zadeh L A. Fuzzy sets[J]. Information and Control, 1965, 8(3): 338-353.

[10] Santos J V A D, Soares C M M, Soares C A M, et al. Structural damage identification: Influence of model incompleteness and errors[J]. Composite Structures, 2003, 62(3/4): 303-313.

[11] Liu J, Cai H, Jiang C, et al. An interval inverse method based on high dimensional model representation and affine arithmetic[J]. Applied Mathematical Modelling, 2018, 63: 732-743.

[12] Tang J, Mi C, Fu C, et al. Novel solution framework for inverse problem considering interval uncertainty[J]. International Journal for Numerical Methods in Engineering, 2022, 123(7): 1654-1672.

[13] Fang H, Gong C, Li C, et al. A surrogate model based nested optimization framework for inverse problem considering interval uncertainty[J]. Structural and Multidisciplinary Optimization, 2018, 58(3): 869-883.

[14] Wang X, Yang H, Qiu Z. Interval analysis method for damage identification of structures[J]. AIAA Journal, 2010, 48(6): 1108-1116.

[15] Gabriele S, Valente C, Brancaleoni F. An interval uncertainty based method for damage identification[C]//International Conference on Damage Assessment of Structures, 2007, 347: 551-556.

[16] Liu J, Sun X, Meng X, et al. A novel shape function approach of dynamic load identification for the structures with interval uncertainty[J]. International Journal of Mechanics and Materials in Design, 2016, 12(3): 375-386.

[17] Liu J, Han X, Jiang C, et al. Dynamic load identification for uncertain structures based on interval analysis and regularization method[J]. International Journal of Computational Methods, 2011, 8(4): 667-683.

[18] Yang C, Ouyang H. A novel load-dependent sensor placement method for model updating based on time-dependent reliability optimization considering multi-source uncertainties[J]. Mechanical Systems and Signal Processing, 2022, 165: 108386.

[19] Yang C. A novel uncertainty-oriented regularization method for load identification[J]. Mechanical Systems and Signal Processing, 2021, 158: 107774.

[20] Ouyang H, Liu J, Han X, et al. Non-probabilistic uncertain inverse problem method considering correlations for structural parameter identification[J]. Structural and Multidisciplinary Optimization, 2021, 64(3): 1327-1342.

[21] Yang C, Lu Z, Yang Z, et al. Parameter identification for structural dynamics based on interval analysis algorithm[J]. Acta Astronautica, 2018, 145: 131-140.

第 3 章　基于非概率区间模型的传感器布置分析

3.1　引　　言

作为一种典型的非完备信息，不确定性在实际工程结构中难以避免，本章将建立一种不确定条件下的加速度传感器布置分析方法。考虑了结构中存在的各种不确定性参数，并克服概率统计方法量化不确定参数信息的局限性，本章基于非概率不确定性理论，将经典确定性的传感器布置方法——有效独立法进行不确定性拓展，提出了一种新的基于非概率区间模型的传感器布置分析方法。首先，利用不确定性传播分析方法，将 Fisher 信息矩阵拓展为不确定性区间参数。其次，基于经典有效独立法的迭代流程，定义区间数关系，将经典确定性有效独立法中的剔除最小数转化为剔除最小可能度区间。再次，建立基于非概率区间模型的传感器布置分析流程，这不仅可以剔除相应的备选传感器位置，还可以获得每一次剔除的可能度。最终，获得传感器布置方案在当前不确定性下的整体可能度。相较于经典的确定性方法，本章所提出的基于非概率区间模型的传感器布置分析方法仅需知道不确定量的上下界，即可使工程技术人员实时监控每一步剔除备选位置的可能度以及最终传感器布置方案的可能度，对不确定量样本数据的依赖性较低，尤其当可获知的样本信息量缺乏时能表现出较好的适用性与优越性。通过两个数值算例验证了该方法的有效性和准确性。

3.2　问题的提出

本节将通过结构健康监测中经典的加速度传感器布置方法——有效独立法的引出，并结合非概率区间模态分析，将现有的确定性传感器布置方法向不确定领域拓展，通过 Fisher 信息矩阵以及区间模态分析的介绍，为本章的研究工作奠定理论基础。

3.2.1　传感器布置的有效独立法

在传感器布置领域中，各种迭代算法与优化方法层出不穷，最经典的也是使用最广泛的传感器布置方法为 Kammer 提出的有效独立法[1, 2]。有效独立法的基本思想是将传感器尽可能地布置在能使模态空间线性无关的位置上，按照各采样位置对目标模态矩阵独立性的贡献进行排序，依次剔除对模态空间线性无关贡献最小的待选测点，从而优化 Fisher 信息阵，最终获得一组传感器布置可以实现目标模态矩阵尽可能保持线性无关。因此，有效独立法布置传感器的主要思想为实现模态空间的完备性。从线性回归分析的角度上讲，有效独立法所筛选的传感器布置位置是模态振型所张成向量空间投影矩阵的对角元，即为在回归分析时所占权重更大的位置。从力学意义的角度上讲，是正交归一化后模态动能较大的点[3]。

根据结构动力学有限元领域中的模态叠加法，输出的响应信息 u 可以通过前 N 阶模态振型的线性叠加进行估计，即有

$$u = \Phi q + \omega = \sum_{i=1}^{N} \varphi_i q_i + \omega \tag{3.1}$$

其中，Φ 是 $n \times N$ 维模态振型，n 为结构自由度数，N 为模态阶次，φ_i 是第 i 阶模态向量，ω 是传感器的噪声向量，其方差为 σ^2，q 与 q_i 分别为广义坐标矩阵与向量。

因此，传感器布置问题可描述如下：从全部可布置传感器的 n 个结构自由度出发，如何将 m 个传感器布置于结构中待选的 n 个位置处，最大程度上实现模态信息的线性无关[4]，即需要获得对广义坐标的最佳估计 $\hat{q}$，对其进行无偏估计，有

$$J = E[(q - \hat{q})(q - \hat{q})^\mathrm{T}] = \left[\frac{1}{\sigma^2} \Phi^\mathrm{T} \Phi \right]^{-1} = Q^{-1} \tag{3.2}$$

其中，Q 即为 Fisher 信息矩阵。为了有效地将问题进行简化，假设在传感器布置的工作中，每个传感器的噪声是独立的，并且服从相同的概率分布，于是，Q 可以表达为

$$Q = \frac{1}{\sigma^2} \Phi^\mathrm{T} \Phi = \frac{1}{\sigma^2} A_0 \tag{3.3}$$

因此，当 A_0 最大，即 Q 最大时，为 $\hat{q}$ 的最佳估计。于是，建立与 Q 等价的矩阵 E_D：

$$E_D = \Phi^\mathrm{T} \Psi \lambda^{-1} (\Phi \Psi)^{-1} = \Phi [\Phi^\mathrm{T} \Phi]^{-1} \Phi^\mathrm{T} \tag{3.4}$$

其中，Ψ 与 λ 分别是 A_0 的特征向量与特征值。

因此，在获得 E_D 的基础上，通过迭代算法就可以实现传感器布置，具体操作过程为：依次删除每一次迭代过程中 E_D 对角元素最小的位置，直到满足预先设定的传感器数目 m 为止。

3.2.2　区间模态分析

区间分析方法作为一种非概率方法可以克服结构中不确定性难以用概率密度函数度量的缺陷，并且仅需要知道区间数的上下界，即可描述不确定性。区间模态分析方法作为一种基于模态分析以及区间分析的工具，可以有效地获得结构振动频率以及模态振型的区间范围，其在近几年得到了长足的应用。Gao[5]提出了一种区间因子方法，将其应用于某桁架结构的振动频率以及模态振型的估计。然而，由于该方法仅给出了桁架单元的 Rayleigh 商形式，因此只能适用于桁架结构。Sim 等[6]利用一阶 Taylor 展开技术获得了模态振型的区间估计，只需要知道各单元类型针对不确定性的偏导数，即可广泛应用于各种有限元结构形式。因此，基于上述讨论，本章将采用第二种区间模态计算方法实现不确定性传感器布置工作。该方法的主要流程为：

①首先，利用确定性的结构模型参数建立结构动力学方程，求解并获得确定性模态 φ_i^c，同时需要给出结构模型各参数的区间不确定性范围；

②其次，求解各阶模态振型关于各个不确定参数的偏导数 $\dfrac{\partial \varphi_i(b^c)}{\partial b_j}$，其中，$b_j$ 代表第 j 个不确定参数，b^c 为其确定值；

③最后，利用模态振型的确定性部分 φ_i^c、偏导数 $\dfrac{\partial \varphi_i(b^c)}{\partial b_j}$，以及不确定参数半径 Δb_j，分别计算模态的上下界分别为

$$\underline{\varphi_i} = \varphi_i^c - \sum_{j=1} \left| \frac{\partial \varphi_i(b^c)}{\partial b_j} \right| \Delta b_j \tag{3.5}$$

以及

$$\overline{\varphi_i} = \varphi_i^c + \sum_{j=1} \left| \frac{\partial \varphi_i(b^c)}{\partial b_j} \right| \Delta b_j \tag{3.6}$$

具体求解过程可以参见文献[6]。

3.3　区间 Fisher 信息矩阵

当结构参数为准确值时，模态矩阵 $\boldsymbol{\Phi}$ 也为确定矩阵。因此，Fisher 信息矩阵 $\boldsymbol{Q}$ 及其等效矩阵 $\boldsymbol{E}_D$ 可基于确定性的方程进行推导，最终可采用确定性的经典有效独立法实现传感器布置。然而，实际工程结构中存在诸多不确定性，如杨氏弹性

模量、界面尺寸等参数，将确定性的传感器布置方法应用于含有不确定性结构的传感器布置时会导致不准确结果，甚至失效。

因此，本章克服实际结构工程中用概率方法描述不确定性的局限性，采用非概率区间分析方法度量结构中的不确定性，将经典有效独立法扩展为一种更加适用于不确定性传感器布置的区间有效独立法，具体推导过程如下。

考虑不确定性的区间模态 $\boldsymbol{\Phi}^{\mathrm{I}}$，则有

$$\begin{aligned}\boldsymbol{\Phi}^{\mathrm{I}} &= \left[\underline{\boldsymbol{\Phi}},\overline{\boldsymbol{\Phi}}\right] = (\varphi_i^{\mathrm{I}})_N = \left(\left[\underline{\varphi_i},\overline{\varphi_i}\right]\right)_N = (\varphi_i^{\mathrm{c}} + \Delta\varphi_i^{\mathrm{I}})_N \\ &= \boldsymbol{\Phi}^{\mathrm{c}} + \Delta\boldsymbol{\Phi}^{\mathrm{I}} = \boldsymbol{\Phi}^{\mathrm{c}} + \Delta\boldsymbol{\Phi}[-1,1] = \boldsymbol{\Phi}^{\mathrm{c}} + \Delta\boldsymbol{\Phi}e_{\Delta} \\ & i = 1,2,\cdots,N \end{aligned} \tag{3.7}$$

其中，$\boldsymbol{\Phi}^{\mathrm{c}}$ 和 φ_i^{c} 分别代表区间模态矩阵和向量的中心值，$\Delta\boldsymbol{\Phi}^{\mathrm{I}}$ 和 $\Delta\varphi_i^{\mathrm{I}}$ 分别代表区间模态矩阵和向量的不确定性部分，$\Delta\boldsymbol{\Phi}$ 和 $\Delta\varphi_i$ 分别代表区间模态矩阵和向量的半径值，e_{Δ}=[−1,1]，$\Delta\varphi_i$ 可以通过上节计算获得。

当求解得到区间模态矩阵 $\boldsymbol{\Phi}^{\mathrm{I}}$ 后，经典的确定性 Fisher 信息矩阵 $\boldsymbol{Q}$ 即可获得，之后考虑将其扩展到不确定性情况。根据式(3.3)与式(3.4)可知，$\boldsymbol{Q}$ 与 $\boldsymbol{E}_D$ 等效，因此，$\boldsymbol{E}_D$ 可以拓展到不确定性区间形式 $\boldsymbol{E}_D^{\mathrm{I}}$，具体为

$$\boldsymbol{E}_D^{\mathrm{I}} = \boldsymbol{\Phi}^{\mathrm{I}}[(\boldsymbol{\Phi}^{\mathrm{I}})^{\mathrm{T}}\boldsymbol{\Phi}^{\mathrm{I}}]^{-1}(\boldsymbol{\Phi}^{\mathrm{I}})^{\mathrm{T}} \tag{3.8}$$

将式(3.7)代入到式(3.8)，并忽略高阶小项，可以得到

$$\boldsymbol{E}_D^{\mathrm{I}} = [\boldsymbol{\Phi}^{\mathrm{c}} + \Delta\boldsymbol{\Phi}^{\mathrm{I}}][(\boldsymbol{\Phi}^{\mathrm{c}})^{\mathrm{T}}\boldsymbol{\Phi}^{\mathrm{c}} + 2(\boldsymbol{\Phi}^{\mathrm{c}})^{\mathrm{T}}\Delta\boldsymbol{\Phi}^{\mathrm{I}}]^{-1}[\boldsymbol{\Phi}^{\mathrm{c}} + \Delta\boldsymbol{\Phi}^{\mathrm{I}}]^{\mathrm{T}} \tag{3.9}$$

在式(3.9)中，$[(\boldsymbol{\Phi}^{\mathrm{c}})^{\mathrm{T}}\boldsymbol{\Phi}^{\mathrm{c}} + 2(\boldsymbol{\Phi}^{\mathrm{c}})^{\mathrm{T}}\Delta\boldsymbol{\Phi}^{\mathrm{I}}]^{-1}$ 这一项可以利用 Neumann 级数[7]展开为

$$\boldsymbol{E}_D^{\mathrm{I}} = [\boldsymbol{\Phi}^{\mathrm{c}} + \Delta\boldsymbol{\Phi}^{\mathrm{I}}][((\boldsymbol{\Phi}^{\mathrm{c}})^{\mathrm{T}}\boldsymbol{\Phi}^{\mathrm{c}})^{-1} - 2((\boldsymbol{\Phi}^{\mathrm{c}})^{\mathrm{T}}\boldsymbol{\Phi}^{\mathrm{c}})^{-1}(\boldsymbol{\Phi}^{\mathrm{c}})^{\mathrm{T}}\Delta\boldsymbol{\Phi}^{\mathrm{I}}((\boldsymbol{\Phi}^{\mathrm{c}})^{\mathrm{T}}\boldsymbol{\Phi}^{\mathrm{c}})^{-1}][\boldsymbol{\Phi}^{\mathrm{c}} + \Delta\boldsymbol{\Phi}^{\mathrm{I}}]^{\mathrm{T}} \tag{3.10}$$

忽略高阶项，式(3.10)可以表达为

$$\begin{aligned}\boldsymbol{E}_D^{\mathrm{I}} = &\boldsymbol{\Phi}^{\mathrm{c}}((\boldsymbol{\Phi}^{\mathrm{c}})^{\mathrm{T}}\boldsymbol{\Phi}^{\mathrm{c}})^{-1}(\boldsymbol{\Phi}^{\mathrm{c}})^{\mathrm{T}} + 2\Delta\boldsymbol{\Phi}^{\mathrm{I}}((\boldsymbol{\Phi}^{\mathrm{c}})^{\mathrm{T}}\boldsymbol{\Phi}^{\mathrm{c}})^{-1}(\boldsymbol{\Phi}^{\mathrm{c}})^{\mathrm{T}} \\ &- 2\boldsymbol{\Phi}^{\mathrm{c}}[((\boldsymbol{\Phi}^{\mathrm{c}})^{\mathrm{T}}\boldsymbol{\Phi}^{\mathrm{c}})^{-1}(\boldsymbol{\Phi}^{\mathrm{c}})^{\mathrm{T}}\Delta\boldsymbol{\Phi}^{\mathrm{I}}((\boldsymbol{\Phi}^{\mathrm{c}})^{\mathrm{T}}\boldsymbol{\Phi}^{\mathrm{c}})^{-1}](\boldsymbol{\Phi}^{\mathrm{c}})^{\mathrm{T}} \end{aligned} \tag{3.11}$$

从式(3.11)中不难发现，区间矩阵 $\boldsymbol{E}_D^{\mathrm{I}}$ 可以表达为区间矩阵的确定性部分 $\boldsymbol{E}_D^{\mathrm{c}}$ 以及不确定性部分 $\Delta\boldsymbol{E}_D^{\mathrm{I}}$ 的形式：

$$\boldsymbol{E}_D^{\mathrm{I}} = \boldsymbol{E}_D^{\mathrm{c}} + \Delta\boldsymbol{E}_D^{\mathrm{I}} = \boldsymbol{E}_D^{\mathrm{c}} + \Delta\boldsymbol{E}_D[-1,1] = \boldsymbol{E}_D^{\mathrm{c}} + \Delta\boldsymbol{E}_D e_{\Delta} \tag{3.12}$$

即

$$\boldsymbol{E}_D^{\mathrm{c}} = \boldsymbol{\Phi}^{\mathrm{c}}((\boldsymbol{\Phi}^{\mathrm{c}})^{\mathrm{T}}\boldsymbol{\Phi}^{\mathrm{c}})^{-1}(\boldsymbol{\Phi}^{\mathrm{c}})^{\mathrm{T}} \tag{3.13}$$

$$\Delta\boldsymbol{E}_D^{\mathrm{I}} = 2(\boldsymbol{I} - \boldsymbol{E}_D^{\mathrm{c}})\Delta\boldsymbol{\Phi}^{\mathrm{I}}((\boldsymbol{\Phi}^{\mathrm{c}})^{\mathrm{T}}\boldsymbol{\Phi}^{\mathrm{c}})^{-1}(\boldsymbol{\Phi}^{\mathrm{c}})^{\mathrm{T}} \tag{3.14}$$

因此，区间矩阵的半径值 $\Delta\boldsymbol{E}_D$ 可以利用区间扩张技术求解得到[8]

$$[\Delta E_D]_{ij} = 2\sum_{l=1}^{n}\sum_{k=1}^{N}\left|(I - E_D^{\mathrm{c}})_{il}\right|[\Delta \boldsymbol{\Phi}]_{lk}\left|[((\boldsymbol{\Phi}^{\mathrm{c}})^{\mathrm{T}}\boldsymbol{\Phi}^{\mathrm{c}})^{-1}(\boldsymbol{\Phi}^{\mathrm{c}})^{\mathrm{T}}]_{kj}\right| \tag{3.15}$$

$$i = 1,2,\cdots,n, \quad j = 1,2,\cdots,N$$

因此，区间 Fisher 信息矩阵 E_D^I 的下界 $\underline{E_D}$ 与上界 $\overline{E_D}$ 可以分别表达为

$$\underline{E_D} = E_D^{\mathrm{c}} - \Delta E_D \tag{3.16}$$

和

$$\overline{E_D} = E_D^{\mathrm{c}} + \Delta E_D \tag{3.17}$$

3.4　基于区间数的传感器布置可能度

在确定性的经典有效独立法中，每一次迭代过程都需要剔除 E_D 矩阵中对角元素的最小值。当经典有效独立法扩展为区间有效独立法时，E_D 矩阵也被扩展为区间矩阵 E_D^I 的形式，此时，对角元素也被拓展为区间元素的形式。因此，必须定义能够有效比较区间数的计算规则，实现对角区间数的比较，进而实现每一次迭代过程中的有效筛选。基于区间可能度理论[9-12]，本节将给出在区间有效独立法中每一次迭代删除备选传感器位置的可能度以及最终保留传感器方案的可能度计算方法。

3.4.1　两个区间比较的可能度关系

假设两区间分别为 a^I 与 b^I，根据区间数学的定义，有以下的区间表达式：

$$x^I = [\underline{x}, \overline{x}] = x^{\mathrm{c}} + \Delta x^I = x^{\mathrm{c}} + \Delta x[-1,1] = x^{\mathrm{c}} + \Delta x e_\Delta \tag{3.18}$$

其中，x 代表 a 或 b，x^{c} 与 Δx 分别代表区间中心值与区间半径。

根据区间数关系，并结合表 3.1 所示的一维和二维区间数关系的示意图，区间关系 $a^I \leqslant b^I$ 的可能度可以通过以下四种区间关系计算得出，即

$$p(a^I \leqslant b^I) = \begin{cases} 1, & \overline{a} \leqslant \underline{b} \\ \dfrac{1}{(\overline{a}-\underline{a})(\overline{b}-\underline{b})}\displaystyle\int_{\underline{a}}^{\overline{a}}\mathrm{d}a\int_{a}^{\overline{b}}\mathrm{d}b, & \underline{b} \leqslant \underline{a} \leqslant a^{\mathrm{c}} \leqslant b^{\mathrm{c}} \leqslant \overline{a} \leqslant \overline{b} \\ \dfrac{1}{(\overline{a}-\underline{a})(\overline{b}-\underline{b})}\displaystyle\int_{\underline{b}}^{\overline{b}}\mathrm{d}b\int_{\overline{a}}^{b}\mathrm{d}a, & \underline{a} \leqslant \underline{b} \leqslant a^{\mathrm{c}} \leqslant b^{\mathrm{c}} \leqslant \overline{b} \leqslant \overline{a} \\ \dfrac{\underline{b}-\underline{a}}{\overline{a}-\underline{a}} + \dfrac{1}{(\overline{a}-\underline{a})(\overline{a}-\underline{b})}\displaystyle\int_{\underline{b}}^{\overline{a}}\mathrm{d}a\int_{a}^{\overline{b}}\mathrm{d}b, & \underline{a} \leqslant \underline{b} \leqslant \overline{a} \leqslant \overline{b} \end{cases} \tag{3.19}$$

表 3.1　区间数关系示意图

区间数关系	1	2	3	4
	$a^I \leq b^I$ 的四种情况			
一维	$\bar{a} \leq \underline{b}$	$\underline{b} \leq \underline{a} \leq a^c \leq b^c \leq \bar{a} \leq \bar{b}$	$\underline{a} \leq \underline{b} \leq a^c \leq b^c \leq \bar{b} \leq \bar{a}$	$\underline{a} \leq \underline{b} \leq \bar{a} \leq \bar{b}$
二维	（示意图）	（示意图）	（示意图）	（示意图）
多区间	$p_i = 1$	$p_i = \prod_{j=2}^{n} \dfrac{1}{(x_j - \underline{x}_j)} \cdot \int_{\underline{x}_1}^{\bar{x}_1} dx_1 \int_{x_1}^{\bar{x}_2} dx_2 \cdots \int_{x_{n-1}}^{\bar{x}_n} dx_n$	$p_i = \prod_{j=2}^{n} \dfrac{1}{(x_j - \underline{x}_j)} \cdot \int_{\underline{x}_n}^{\bar{x}_n} dx_n \int_{x_n}^{\bar{x}_{n-1}} dx_{n-1} \cdots \int_{x_2}^{\bar{x}_1} dx_1$	$p_i = \prod_{j=2}^{n} \left[\dfrac{x_j - \underline{x}_1}{\bar{x}_1 - \underline{x}_1} + \prod_{j=1}^{2} \dfrac{1}{(x_j - \underline{x}_j)} \cdot \int_{\underline{x}_1}^{\bar{x}_1} \int_{x_j}^{\bar{x}} dx_j \right]$

表 3.1 也给出了在多个区间数进行比较时的区间可能度计算公式。同时，区间关系 $b^I < a^I$ 可以通过下式获得：

$$p(b^I < a^I) = 1 - p(a^I \leq b^I) \tag{3.20}$$

3.4.2 区间比较与实数比较的相容性

3.4.1 节给出了两个或多个区间比较时的可能度。然而，由于不同的不确定性存在，区间矩阵 $\boldsymbol{E}_D^I$ 中的元素在迭代过程中并不一定总是区间数，可能会出现确定性的实数，此时若继续使用式(3.19)计算，可能出现分母为 0 的情况，导致可能度计算失效甚至错误。为了克服上述缺陷，本节将考虑区间数与实数的相容性以及完整性。

当 a 为一实数，而 b^I 为一区间数时，可能度关系为

$$p(a \leq b^I) = \begin{cases} 1, & a \leq \overline{b} \\ \dfrac{\overline{b} - a}{\overline{b} - \underline{b}}, & \underline{b} < a < \overline{b} \end{cases} \tag{3.21}$$

$$p(b^I < a) = 1 - p(a \leq b^I) \tag{3.22}$$

当 b 为一实数，而 a^I 为一区间数时，可能度关系为

$$p(a^I \leq b) = \begin{cases} 1, & \overline{a} \leq b \\ \dfrac{b - \overline{a}}{\overline{a} - \underline{a}}, & \underline{a} < b < \overline{a} \end{cases} \tag{3.23}$$

$$p(b < a^I) = 1 - p(a^I \leq b) \tag{3.24}$$

根据区间数关系，当两区间进行比较时，较小的区间可以定义为

$$\begin{aligned} &\text{如果} \quad p(a^I \leq b^I \text{ 或 } a^I \leq b \text{ 或 } a \leq b^I) > 0.5, \\ &\text{则} \quad a^I \leq b^I \text{ 或 } a^I \leq b \text{ 或 } a \leq b^I \end{aligned} \tag{3.25}$$

最终，通过式(3.21)~式(3.24)，区间数与实数的相容性与完整性问题得到了解决。

3.4.3 传感器布置可能度

3.4.1 节和 3.4.2 节给出了两区间关系的可能度的计算公式。然而，在基于区间分析的传感器布置方法中，剔除某一个待选位置的区间数之前，需要与其他多个位置的区间数进行比较。根据表 3.1 中，当两区间 a^I 与 b^I 用二维区间关系示意图表达时，一个坐标系角平分线将穿越整个二维区间，这为多个区间比较提供了可参考的计算方法。因此，基于一维特别是二维区间关系示意图，本节将推导多

个区间比较的可能度计算方法。

为了方便计算，区间向量 $\boldsymbol{x}^{\mathrm{I}} = (x_1^{\mathrm{I}}, x_2^{\mathrm{I}}, \cdots, x_j^{\mathrm{I}}, \cdots, x_n^{\mathrm{I}})^{\mathrm{T}}$ 中的每一个元素代表一个区间数。于是，多个区间比较的可能度如下式，亦可参见表 3.1 中最后一行。

$$
p_i \begin{pmatrix} x_1^{\mathrm{I}} \leqslant x_2^{\mathrm{I}}, \\ \cdots \\ x_1^{\mathrm{I}} \leqslant x_j^{\mathrm{I}}, \\ \cdots \\ x_1^{\mathrm{I}} \leqslant x_n^{\mathrm{I}} \end{pmatrix} = \begin{cases} 1, & \overline{x}_1 \leqslant \underline{x}_j \\ p_i = \prod_{j=2}^{n} \dfrac{1}{(\overline{x}_j - \underline{x}_j)} \cdot \int_{\underline{x}_1}^{\overline{x}_1} \mathrm{d}x_1 \int_{x_1}^{\overline{x}_2} \mathrm{d}x_2 \cdots \int_{x_{n-1}}^{\overline{x}_n} \mathrm{d}x_n, & \underline{x}_j \leqslant \underline{x}_1 \leqslant x_1^{\mathrm{c}} \leqslant x_j^{\mathrm{c}} \leqslant \overline{x}_1 \leqslant \overline{x}_j \\ p_i = \prod_{j=2}^{n} \dfrac{1}{(\overline{x}_j - \underline{x}_j)} \cdot \int_{\underline{x}_n}^{\overline{x}_n} \mathrm{d}x_n \int_{x_n}^{\overline{x}} \mathrm{d}x_{n-1} \cdots \int_{x_1}^{\overline{x}_2} \mathrm{d}x_1, & \underline{x}_1 \leqslant \underline{x}_j \leqslant x_1^{\mathrm{c}} \leqslant x_j^{\mathrm{c}} \leqslant \overline{x}_j \leqslant \overline{x}_1 \\ p_i = \prod_{j=2}^{n} \left[\dfrac{\underline{x}_j - \underline{x}_1}{\overline{x}_1 - \underline{x}_1} + \prod_{j=1}^{2} \dfrac{1}{(\overline{x}_j - \underline{x}_j)} \cdot \int_{\underline{x}_j}^{\overline{x}_1} \mathrm{d}x_1 \int_{x_1}^{\overline{x}_j} \mathrm{d}x_j \right], & \underline{x}_1 \leqslant \underline{x}_j \leqslant \overline{x}_1 \leqslant \overline{x}_j \\ \text{上述组合}, & \text{其他} \end{cases}
$$

$$(3.26)$$

因此，在基于区间分析的不确定有效独立法中，在每一次迭代过程中，剔除某一待选位置区间数的可能度可以通过上式求解。不难发现，除了第五种情况外，式(3.26)中多个区间比较的可能度计算公式在形式上与式(3.19)中的两区间比较完全一致。由于多个区间数比较的复杂性远远超过两区间比较，因此难以给出具体的计算方法，但是，多个区间数比较一定可以转化成式(3.26)中前四个可能度计算方法的组合。

因此，根据有效独立法的计算流程，需要从 n 个备选位置中筛选 m 个位置布置传感器，故需要进行 $n-m$ 次迭代，因此，最终传感器布置方案的可能度将由每一次剔除位置的可能度进行共同计算求解得到

$$
P = \prod_{i=1}^{n-m} p_i \tag{3.27}
$$

最终，当结构中存在不确定性时，基于非概率区间分析可获得传感器布置方案可能度。

3.5　迭代算法流程

为了描述本章所提的基于区间分析的有效独立法的具体计算流程，本节将通过图 3.1 所示的具体流程图以及附加的说明进行更为详细的展示。基于经典的确定性有效独立法的迭代流程，并结合不确定性区间分析以及区间可能度计算方法，

该流程可以实现结构存在不确定性时的传感器布置方案的可能度分析。另外，在本章所提方法中，一些关键步骤以及需要明确的假设如下所示。

①区间有效独立法是经典有效独立法在不确定性区间领域的拓展，依旧沿用了经典确定性方法的主要思想和迭代计算流程，即从全部可布置传感器的 n 个结构自由度出发，进行 $n-m$ 次剔除迭代筛选。相较于经典方法，不确定性的区间有效独立法主要存在两个区别：区间 Fisher 信息矩阵的建立以及区间可能度计算。

②本章所提方法并没有改变最终的传感器布置方案，即为传感器布置位置的可能度分析，并非优化传感器位置，不确定性下的传感器布置优化将在第 4 章讨论。

③区间模态 $\boldsymbol{E}_D^{\mathrm{I}}$，在每一次删除其对角元素的最小可能度区间后，区间矩阵 $\boldsymbol{E}_D^{\mathrm{I}}$ 将在下一次迭代过程中进行更新，为了在实际操作中处理得更加简单，我们将剔除的位置进行元素置 0 操作，即区间中心值与区间半径全为 0。

④根据多个区间数的可能度计算方法，在每一次迭代过程中剔除最小可能度区间数，该过程主要分为两步：先在全部的备选传感器位置所对应的区间元素中筛选出最小可能度区间，然后计算该区间为最小的可能度。此为本章所提方法与经典确定性有效独立法的最大不同之处，其核心为区别于实数比较的区间数比较，同时该步骤在本章所提方法中计算最为耗时。

⑤针对在每一次迭代过程中剔除最小可能度区间数，利用本章所提方法将会得到每一次迭代过程中剔除某一备选位置的传感器可能度 p_i 以及最终传感器布置方案的可能度 P。因此，工程技术人员可以通过该迭代过程获悉每一步剔除某位置的可能度，实现有效监控。

⑥最后，声明本章方法的一项基本假设前提。假设只有严格按照一定顺序进行待选传感器位置的剔除，方可视为一次有效的布置过程，若未按照该顺序但最终依然求解得到了与之相同的传感器布置方案，则视为两种不同的传感器布置结果。该假设主要考虑了不同剔除顺序有可能获得相同的剔除结果，即剔除路径分岔情况，这是区间分析方法暂时无法考虑的极其复杂情况。具体举例为，当利用 Monte Carlo 法进行不确定性的区间有效独立法可能度计算以及剔除迭代的验证时，假设某一次 Monte Carlo 仿真的传感器剔除顺序为第 1、2、3、4 号结点，而另一次 Monte Carlo 仿真的传感器剔除顺序为第 1、3、2、4 号结点，尽管两次仿真获得传感器剔除方案都是这四个位置，但是顺序不同，这也视为两种不同的方案。因此，本章的假设具有一定的局限性，这将在后续研究中进行改善。

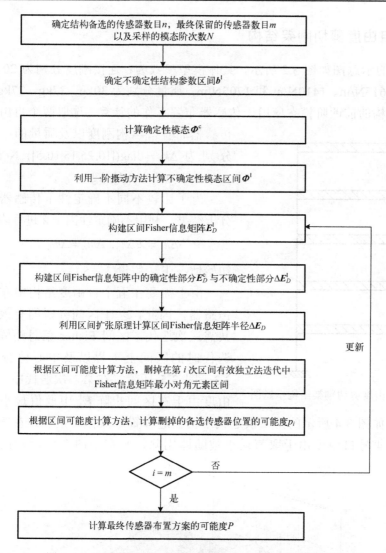

图 3.1　基于非概率区间模型的传感器布置分析算法流程图

3.6　数值算例

为了验证本章所提方法的准确性，考虑将基于区间分析的传感器布置方法应用于一 5 自由度剪切刚架结构算例[6]和一平面桁架算例[13]。前者自由度较小，以便更好地展示算法迭代过程的中间步骤和结果；后者自由度稍大，可验证本章所提方法在多自由度结构中具有良好的适用性。

3.6.1　5自由度剪切刚架结构

该结构的示意图如图3.2所示，具体模型参数为：连接刚度分别为2010N/m、1825N/m、1615N/m、1410N/m 和 1205N/m，质量分别为30kg、27kg、27kg、25kg 和 18kg，结构的前两阶模态应用于传感器布置工作的计算，选取两个自由度作为

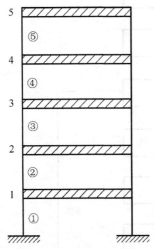

传感器布置，结构刚度以及质量的不确定性分别为 $\Delta k_0 = \mathrm{diag}([10,25,15,10,5])$ N/m 以及 $\Delta m_0 = \mathrm{diag}([1,1,1,1,1])$ kg。

为了比较不同不确定性下传感器布置的分析结果，利用不确定性因子 λ 进行表征：

$$\Delta k_i = \lambda_i \Delta k_0, \quad \Delta m_i = \Delta m_0 \qquad (3.28)$$

初始情况下，假设 $\lambda_i = 5$。

由于需要在五个自由度结构中布置两个传感器，因此，基于区间分析的有效独立法共需三次迭代，区间 Fisher 信息矩阵在三次迭代时的区间上下界以及中心值分别如图 3.3～图 3.5 所示。在第一次迭代中，1 号自由度由于在区间矩阵 $\boldsymbol{E}_D^1$ 中取值最小被首先

图 3.2　5自由度剪切刚架结构示意图

剔除，它在如图 3.4 所示的第二次迭代中已被进行置零操作。接着，在第二次迭代过程中，4 号自由度由于取值最小被随即剔除，它在如图 3.5 所示的第三次

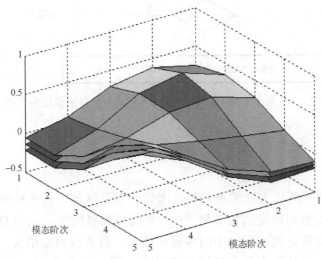

图 3.3　区间 Fisher 信息矩阵在第一次迭代时的区间上下界以及中心值

迭代中接着被进行置零操作。基于前面所述，所有在当前迭代步中被剔除的自由度在下一步中都将被进行置零操作，即区间中心值以及区间半径均为 0 值。

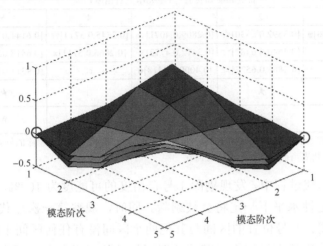

图 3.4　区间 Fisher 信息矩阵在第二次迭代时的区间上下界以及中心值

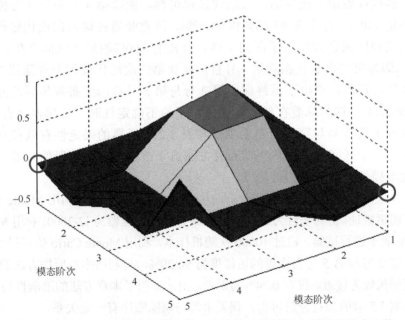

图 3.5　区间 Fisher 信息矩阵在第三次迭代时的区间上下界以及中心值

除了上述三张图给出了迭代剔除自由度的顺序以外，具体迭代过程、剔除区间数以及每一步和最终方案的可能度可详细参见表 3.2 中数据与标记。剔除原则按照前面所述的区间数关系，每一次剔除最小区间，并计算剔除的可能度。

表 3.2　基于区间分析的传感器布置方法迭代过程

迭代步数	备选传感器位置(有限元结点自由度)					可能度/%
	1	2	3	4	5	
1	[0.1429,0.2586]■	[0.3592,0.5330]☆	[0.2809,0.4071]☆	[0.2845,0.3714]☆	[0.6141,0.7483]☆	100.00
2	□	[0.4640,0.6487]☆	[0.3412,0.4772]☆	[0.2866,0.3711]■	[0.6418,0.7694]☆	95.83
3	□	[0.4885,0.6527]☆	[0.4000,0.5418]■	□	[0.9311,0.9859]☆	93.52
本章方法	□	★	□	□	★	89.62
经典方法	□	★	□	□	★	/

注："■"代表在当前迭代步中剔除的位置；"□"代表在历史迭代步中已经剔除的位置；"★"代表最终保留的位置；"☆"代表当前迭代步中保留的位置

　　在第一次迭代过程中，发现剔除 1 号自由度的可能度为 100%，这意味着该位置在当前不确定性水平下一定将会被剔除。同时，观察第一次迭代过程中的五个自由度区间可得，1 号位置的区间与其他四个区间没有任何区间干涉，即 1 号位置所对应的区间数的上界均小于其他位置区间数的下界，印证了表 3.1 中的第一种情况。继续观察第二次与第三次迭代过程可得，剔除第 4 号和第 3 号位置的可能度并不是 100%，分别为 95.83%和 93.52%，这意味着在这两次迭代过程中，最小区间与其他区间之间发生了区间干涉，并没有 100%的最小区间产生。95.83%和 93.52%即为第二次迭代删除第 4 号自由度和第三次迭代过程中剔除第 3 号自由度的可能度。最后，给出了最终保留第 2 号与第 5 号自由度布置传感器方案的可能度为 89.62%，这意味着在结构存在该水平的不确定性时，传感器将有 89.62%可能度布置于第 2 号与第 5 号自由度。与表 3.2 中经典的确定性有效独立法进行对比可知，基于区间分析的传感器布置方法虽未改变最终传感器的布置位置，但可以有效地提供当前方案的可能度。

　　为了验证本章所提的基于区间分析的传感器布置方法，在此利用 Monte Carlo 仿真进行了随机验证。仿真平台为 3.40GHz Core(TM)，处理器为 i7-2600，利用 MATLAB 的 R2010b 版本进行试验。通过 10000 次随机样本，利用 Monte Carlo 仿真得到的传感器布置于第 2 号与第 5 号自由度的可能度为 90.29%，与利用本章所提方法的 89.62%的可能度结果较为接近，仅有 0.74%的误差。由此证明了本章方法的准确性与有效性，同时，依据 3.5 节的假设分析可得，误差来源与剔除顺序有一定关系。

　　表 3.3 给出了不同不确定性下的传感器布置可能度结果，在此不确定性因子 λ_i 分别考虑为 1、2、5、10 以及 15，该表也提供了与 Monte Carlo 仿真的结果以及求解时间的对比。通过如图 3.6 所示的 Monte Carlo 仿真结果以及表 3.3，不难发现，当结构存在的不确定性较小时，基于区间分析的传感器布置方法的可能度与 Monte Carlo 仿真的结果接近 100%，且二者误差较小，分别为 0.27%和 0.70%。当不确定性

因子 λ_i 为 10 和 15 时，可能度结果急剧下降，但二者的误差较小，验证了本章所提方法的有效性。通过表 3.3 列出的求解时间不难发现，本章提出的不确定性方法的计算时间仅为 Monte Carlo 仿真的十分之一，证明了本章所提方法的高效性。

当算例自由度较大时，本章算法的迭代过程不便于观察，因此，在该算例中，尽管仅有 5 个自由度，但每一次迭代的区间 Fisher 信息矩阵以及可能度都通过图 3.3～图 3.5 以及表 3.2 清晰可见，因此该算例证明了本章所提方法的准确性。

表 3.3 不同不确定因子下传感器布置可能度

不确定因子 (λ_i)	Monte Carlo 仿真		区间传感器布置方法		可能度误差/%
	可能度/%	计算时间/s	可能度/%	计算时间/s	
1	99.92	4.99	99.65	0.57	0.27
2	99.13	5.08	98.44	0.59	0.70
5	90.29	5.01	89.62	0.58	0.74
10	71.09	4.98	70.37	0.58	1.01
15	57.92	5.07	54.25	0.57	6.34

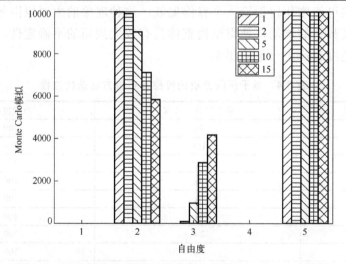

图 3.6 不同不确定因子下传感器布置的 Monte Carlo 模拟

3.6.2 平面桁架结构

3.6.1 节通过一个含有较少自由度的算例详细验证了本章所提方法的准确性，并提供了详细的迭代过程。本节中，将增加结构自由度来继续验证所提方法。如图 3.7 所示的平面桁架结构示意图，其具体结构参数见文献[10]。考虑结构中刚度与质量分别存在 1.5% 的不确定性。结构共有 21 个自由度，考虑结构的前六阶模态用来进行传感器布置工作的计算，并选取六个自由度作为传感器布置。

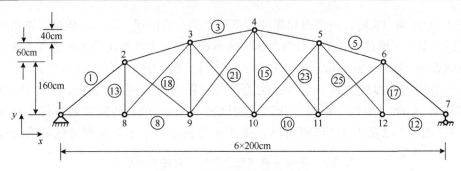

图 3.7　平面桁架结构示意图

　　表 3.4 列出了基于非概率区间模型的传感器布置分析的具体迭代过程、每一步的剔除可能度以及最终传感器方案的可能度。从表中不难看出，在第 9 次与第 11 次迭代中，传感器可能度不为 100%。利用本章所提的方法计算得到的最终传感器布置可能度为 87.22%，传感器布置方案与经典的确定性有效独立法完全一致。与第一个算例稍有不同的是，当平面桁架中仅存在较小的不确定性时，结构布置传感器的可能度相较于第一个算例偏低，这种现象的主要原因就是模型单元数量与自由度数量的增加，使得结构整体具有较大规模的不确定性，因此，对最终得到的可能度会产生一定的影响。

表 3.4　基于区间分析的传感器布置方法迭代过程

迭代步数	剔除的备选位置	可能度/%
1	8x	100
2	10x	100
3	11x	100
4	4x	100
5	5x	100
6	4y	100
7	2x	100
8	6x	100
9	11y	97.47
10	2y	100
11	9y	89.48
12	6y	100
13	12x	100
14	9x	100
15	10y	100
本章方法	3x,3y,5y,7x,8y,12y	87.22
经典方法	3x,3y,5y,7x,8y,12y	/

　　为了验证本章所提的基于区间分析的传感器布置方法，这里依然利用 Monte Carlo 仿真进行了随机验证。借助 3.6.1 节中相同的仿真平台，通过 10000 次随机样本进行验证。图 3.8 展示了 E_D 的 Monte Carlo 仿真样本点与本章所提方法的区间界，从图中不难发现，所有的 Monte Carlo 仿真样本点均被本章所提方法的区间界所紧紧包围。利用 Monte Carlo 仿真得到的最终传感器布置可能度为 91.59%，与利用本章所提方法的 87.22% 的可能度较为接近。由此证明了本章方法的准确性与有效性，同时，根据 3.5 节分析的假设，误差的来源与剔除顺序有一定关系。

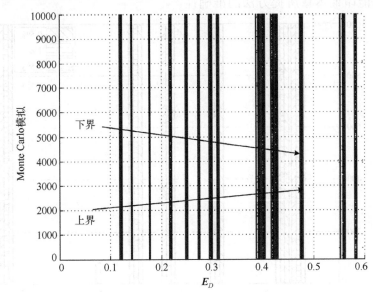

图 3.8　区间 Fisher 信息矩阵边界与 Monte Carlo 仿真样本点

　　表 3.5 列出了不同不确定性下的传感器布置的可能度，这里的不确定性分别考虑在刚度与质量中存在 0.5%、1% 与 1.5% 的不确定性，该表包括了与 Monte Carlo 仿真结果以及求解时间的对比。通过如图 3.9 所示的 Monte Carlo 仿真结果以及表 3.5 可知，会有一小部分样本点落入第 15 个自由度中，即 9y 自由度，通过表 3.4 也确实看到了在第 11 次迭代筛选中 9y 的可能度偏低。当结构存在的不确定性较小时，基于区间分析的传感器布置方法的可能度与 Monte Carlo 仿真的结果都接近 100%，且二者误差较小，分别为 0%、1.89% 与 4.77%，由此证明了本章所提方法的有效性。通过该表列出的求解时间不难发现，本章提出的不确定性方法的计算时间仅为 Monte Carlo 仿真的五分之一，验证了本章所提方法的高效性。

表 3.5　不同不确定性下传感器布置可能度

不确定性/%	Monte Carlo 仿真		区间传感器布置方法		可能度误差/%
	可能度/%	计算时间/s	可能度/%	计算时间/s	
0.5	100	22.05	100	4.52	0
1	99.95	22.30	98.06	4.57	1.89
1.5	91.59	23.55	87.22	4.87	4.77

通过本节算例不难看出，当算例自由度较大时，本章算法依然有较好的结果，因此该算例能印证本章所提方法的准确性。

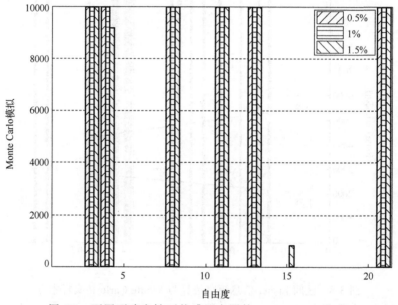

图 3.9　不同不确定性下传感器布置的 Monte Carlo 仿真

3.7　本 章 小 结

本章针对传感器布置中的非完备信息——不确定性结构参数，建立了一种不确定条件下的加速度传感器布置分析方法。鉴于已有传感器布置方法研究的工作较少涉及不确定性，本章考虑了将结构不确定性参数引入传感器布置问题中。对于样本稀缺的不确定参数，很难用基于概率统计的不确定性理论进行量化。故而本章利用区间分析方法将经典的有效独立法中的 Fisher 信息矩阵拓展为区间数，并基于确定性算法的迭代流程，同时结合定义的区间数关系，以剔除区间数的方式实现了不确定传感器布置的分析流程。因此，本章提出的分析方法可以明确地获得剔除每一个待选传感器以及最终传感器布置方案的可能度，非常便于工程技术人员进行实时监控。通过两个数值算例验证了所研究内容的可行性和合理性。得到的主要结论为：利用基于非概率区间模型的传感器布置方法并没有改变利用确定性的有效独立法获得的传感器布置方案；提出的分析方法可以获得在结构参数存在不确定性时剔除每一个备选传感器的可能度以及最终布置方案的可能度。此外，利用 Monte Carlo 方法对本章结果进行了验证，证明了本章所提方法的准确性以及高效性。需要注意的是，本章研究并未改变确定性传感器布置的方案，当结构不确定性较大时，利用本章方法获得的传感器布置方案可能并不是最优的。本章所探讨的研究内容将对解决含区间参数的传感器布置方案的鲁棒优化、传感器布置中冗余信息的处理，以及不确定结构动力学参数辨识等问题提供一定的理论基础。

参 考 文 献

[1] Kammer D C. Effect of modal error on sensor placement for on-orbit modal identification of large space structures[J]. Journal of Guidance, Control and Dynamics, 1992, 15(2): 334-341.

[2] Kammer D C, Brillhart R. Optimal sensor placement for modal identification using system-realization methods[J]. Journal of Guidance, Control and Dynamics, 2013, 19(3):729-731.

[3] 李东升, 李宏男, 王国新, 等. 传感器布设中有效独立法的简捷快速算法[J]. 防灾减灾工程学报, 2009, 29(1): 103-108.

[4] Meo M, Zumpano G. On the optimal sensor placement techniques for a bridge structure[J]. Engineering Structures, 2005, 27(10):1488-1497.

[5] Gao W. Interval natural frequency and mode shape analysis for truss structures with interval parameters[J]. Finite Elements in Analysis and Design, 2006, 42(6): 471-477.

[6] Sim J S, Qiu Z, Wang X. Modal analysis of structures with uncertain-but-bounded parameters via interval analysis[J]. Journal of Sound and Vibration, 2007, 303(1/2): 29-45.

[7] Neumaier A. Interval Methods for Systems of Equations[M]. Cambridge: Cambridge University Press, 1990.

[8] Moores R E. Methods and Applications of Interval Analysis[M]. London: Prentice-Hall, 1979.

[9] Wang X J, Qiu Z P, Elishakoff I. Non-probabilistic set-theoretic model for structural safety measure[J]. Acta Mechanica, 2008, 198(1/2): 51-64.

[10] Liu F, Pan L H, Liu Z L, et al. On possibility-degree formulae for ranking interval numbers[J]. Soft Computing, 2018, 22(8): 2557-2565.

[11] Yi J, Bai J, He H, et al. A multifactorial evolutionary algorithm for multitasking under interval uncertainties[J]. IEEE Transactions on Evolutionary Computation, 2020, 24(5): 908-922.

[12] Gong D, Xu B, Zhang Y, et al. A similarity-based cooperative co-evolutionary algorithm for dynamic interval multiobjective optimization problems[J]. IEEE Transactions on Evolutionary Computation, 2019, 24(1): 142-156.

[13] Bakhtiari-Nejad F, Rahai A, Esfandiari A. A structural damage detection method using static noisy data[J]. Engineering Structures, 2005, 27(12):1784-1793.

第4章 传感器布置的非概率区间鲁棒优化

4.1 引　言

在第 3 章的研究中，针对加速度传感器布置中的非完备信息——不确定性结构参数，建立了一种不确定条件下的传感器布置分析方法。经典的确定性传感器布置方法——有效独立法，被成功地拓展到不确定性的区间形式，通过不确定性传播分析方法获得了每一次迭代中删除备选传感器以及最终保留的传感器方案的可能度。但是，正如第 3 章最后的小结中提到的，利用基于非概率区间模型的传感器布置方法并未改变利用确定性的有效独立法获得的传感器布置方案。换言之，第 3 章提出的基于非概率区间模型的传感器布置分析并未搜寻到结构存在不确定性时的最佳传感器布置方案。因此，本章将在第 3 章讨论的基础上，提出一种面向结构健康监测中传感器布置的非概率区间鲁棒优化方法。基于确定性传感器优化的适应度函数——Fisher 信息矩阵行列式，利用区间分析方法将其拓展到非概率区间形式，Fisher 信息矩阵行列式的中心值以及半径值分别作为传感器布置中鲁棒优化的性能以及波动。利用归一化技术以及权重因子手段，将传感器布置的非概率区间鲁棒优化的双目标优化问题转化成单目标优化，大大简化了优化求解的难度。在此基础上，利用遗传优化算法实现了整个传感器鲁棒优化的求解过程。相较于经典的确定性方法，本章所提出的传感器布置的非概率区间鲁棒优化仅需不确定量的上下界，即可获得在不确定条件下的传感器最佳布置方案，在一定程度上提高了传感器布置性能抵抗结构不确定性参数的能力，所给出的数值算例有效验证了该方法的有效性和准确性。

4.2　非概率区间适应度函数的不确定性传播

4.2.1　非概率区间模态分析

本节将继续基于 3.2.2 节提到的区间模态分析方法[1]，获得不确定模态振型的区间估计，这里不再赘述。

4.2.2　基于 Taylor 展开的区间 Fisher 信息矩阵

当刚度和质量等结构参数中存在不确定性时，结构振动特性以及响应显著异于确定性结构[2, 3]。此时，发生变化的模态信息将会影响 Fisher 信息矩阵 $\boldsymbol{Q}$，进而影响其行列式，即传感器布置的优化目标。为了克服概率方法必须获悉不确定量的概率密度分布函数的局限性，本节考虑利用非概率区间分析方法度量结构中存在的不确定性，只需已知不确定量的上下界，即可确定不确定量的区间[4, 5]，利用不确定性传播分析手段，计算区间 Fisher 信息矩阵 $\boldsymbol{Q}^{\mathrm{I}}$。根据区间数学的定义，含不确定性的 Fisher 信息矩阵的区间描述为

$$\boldsymbol{Q}^{\mathrm{I}} = \boldsymbol{Q}^{\mathrm{c}} + \Delta \boldsymbol{Q}^{\mathrm{I}} \tag{4.1}$$

其中，$\boldsymbol{Q}^{\mathrm{c}}$ 与 $\Delta \boldsymbol{Q}^{\mathrm{I}}$ 分别为区间 Fisher 信息矩阵中的确定性部分以及不确定性部分。

下面将利用区间分析方法给出上式中每一项的具体表达式，利用一阶 Taylor 展开公式，区间 Fisher 信息矩阵可以被估计为

$$\boldsymbol{Q}^{\mathrm{I}}(\boldsymbol{b}) = \boldsymbol{Q}(\boldsymbol{b}^{\mathrm{c}}) + \frac{\partial \boldsymbol{Q}(\boldsymbol{b}^{\mathrm{c}})}{\partial \boldsymbol{b}} \Delta \boldsymbol{b}^{\mathrm{I}} \tag{4.2}$$

根据区间数学定义，式 (4.2) 可以被写为分量形式：

$$\boldsymbol{Q}^{\mathrm{I}}(\boldsymbol{b}) = \boldsymbol{Q}(\boldsymbol{b}^{\mathrm{c}}) + \sum_{j=1}^{un} \frac{\partial \boldsymbol{Q}(\boldsymbol{b}^{\mathrm{c}})}{\partial b_j} \Delta b_j^{\mathrm{I}} \tag{4.3}$$

其中，un 代表结构模型参数中存在的不确定量的个数。

这里，采用区间扩张技术对式 (4.3) 进行区间扩张：

$$\boldsymbol{Q}^{\mathrm{I}}(\boldsymbol{b}) = \boldsymbol{Q}(\boldsymbol{b}^{\mathrm{c}}) + \sum_{j=1}^{un} \left| \frac{\partial \boldsymbol{Q}(\boldsymbol{b}^{\mathrm{c}})}{\partial b_j} \right| \Delta b_j^{\mathrm{I}} \tag{4.4}$$

其中，$\Delta b_j^{\mathrm{I}} = \Delta b_j \cdot [-1, 1]$。

于是，区间 Fisher 信息矩阵的上下界可以分别表达为

$$\underline{\boldsymbol{Q}(\boldsymbol{b})} = \boldsymbol{Q}(\boldsymbol{b}^{\mathrm{c}}) - \sum_{j=1}^{un} \left| \frac{\partial \boldsymbol{Q}(\boldsymbol{b}^{\mathrm{c}})}{\partial b_j} \right| \Delta b_j \tag{4.5}$$

以及

$$\overline{\boldsymbol{Q}(\boldsymbol{b})} = \boldsymbol{Q}(\boldsymbol{b}^{\mathrm{c}}) + \sum_{j=1}^{un} \left| \frac{\partial \boldsymbol{Q}(\boldsymbol{b}^{\mathrm{c}})}{\partial b_j} \right| \Delta b_j \tag{4.6}$$

以上公式中的偏导数 $\dfrac{\partial Q(b^c)}{\partial b_j}$ 可以通过以下方式求得

$$\frac{\partial Q(b^c)}{\partial b_j} = \frac{\partial Q(\boldsymbol{\Phi}_s)}{\partial \boldsymbol{\Phi}_s} \cdot \frac{\partial \boldsymbol{\Phi}_s(\varphi_i)}{\partial \varphi_i} \cdot \frac{\partial \varphi_i(b^c)}{\partial b_j} \tag{4.7}$$

其中，$\boldsymbol{\Phi}_s$ 是 $\boldsymbol{\Phi}$ 中与传感器布置自由度相对应行的子矩阵。

此外，式 (4.7) 中的各偏导数可以通过以下方式求得

$$\frac{\partial Q(\boldsymbol{\Phi}_s)}{\partial \boldsymbol{\Phi}_s} = 2\boldsymbol{\Phi}_s \tag{4.8}$$

$$\frac{\partial \boldsymbol{\Phi}_s(\varphi_i)}{\partial \varphi_i} = [0, \quad \cdots, \quad 1, \quad \cdots, \quad 0] \tag{4.9}$$

最终，根据式 (4.8) 与式 (4.9)，以及上述讨论，偏导数 $\dfrac{\partial Q(b^c)}{\partial b_j}$ 可以通过计算

获得，再通过式 (4.5) 与式 (4.6) 可以较为容易地获得不确定的 Fisher 信息矩阵的区间估计。

4.2.3　传感器布置的区间鲁棒优化适应度函数

根据式 (2.1) 所示，当结构参数确定时，Fisher 信息矩阵的行列式将会成为传感器布置工作中一项重要的优化目标函数。本章将 Fisher 信息矩阵拓展到不确定性问题中，利用区间数将其拓展到区间 Fisher 信息矩阵形式，依然采用对区间 Fisher 信息矩阵取行列式的方式构建目标函数，但需要注意的是，此时的适应度为区间目标函数：

$$f^I = \det(\boldsymbol{Q}_s^I) = \det[(\boldsymbol{\Phi}_s^I)^T \boldsymbol{\Phi}_s^I] \tag{4.10}$$

区间 Fisher 信息矩阵的行列式作为区间适应度函数 f^I 可以表达成确定性部分与不确定性部分的形式：

$$f^I = f^c + \Delta f^I = f^c + \Delta f \cdot [-1,1] = \left[\underline{f}, \overline{f} \right] \tag{4.11}$$

区间 Fisher 信息矩阵的行列式亦可表达成其一系列的区间特征值积的形式：

$$f^I = \prod_{i=1}^{N} \lambda_i^I \tag{4.12}$$

其中，λ_i^I 为区间矩阵 $\boldsymbol{\Phi}_s^I$ 的第 i 阶区间特征值。根据区间数学的定义，λ_i^I 可以表达成确定性部分 λ_i^c 以及不确定性部分 $\Delta \lambda_i^I$：

$$\lambda_i^I = \lambda_i^c + \Delta \lambda_i^I = \lambda_i^c + \Delta \lambda_i \cdot [-1,1] \tag{4.13}$$

其中，$\Delta\lambda_i$ 可以通过如下的方法获得[6]：

$$\Delta\lambda_i = (\boldsymbol{\psi}_i^c)^{\mathrm{T}} \Delta\boldsymbol{Q}_s \boldsymbol{\psi}_i^c \tag{4.14}$$

其中，$\boldsymbol{\psi}_i^c$ 是 $\boldsymbol{Q}_s$ 与特征值 λ_i^c 对应的特征向量。于是，λ_i^{I} 的下界与上界可以获得

$$\underline{\lambda_i} = \lambda_i^c - \Delta\lambda_i \tag{4.15}$$

以及

$$\overline{\lambda_i} = \lambda_i^c + \Delta\lambda_i \tag{4.16}$$

根据矩阵行列式有关定理以及区间数学的定义[1]，区间适应度函数的下界、上界以及半径可以表达为

$$\underline{f} = \prod_{i=1}^{N} \underline{\lambda_i} \tag{4.17}$$

和

$$\overline{f} = \prod_{i=1}^{N} \overline{\lambda_i} \tag{4.18}$$

以及

$$\Delta f = \frac{\overline{f} - \underline{f}}{2} \tag{4.19}$$

因此，区间 Fisher 信息矩阵的行列式可以最终获得。

4.3　非概率区间鲁棒优化问题

4.2 节中，确定性的传感器布置适应度函数已经给出。本节将在此基础上拓展到不确定性传感器区间布置的非概率区间鲁棒优化问题上。

确定性的传感器布置适应度函数[7]可以表达为

$$\begin{aligned} \max \quad & f(\boldsymbol{d}) \\ \mathrm{s.t.} \quad & \underline{\boldsymbol{d}} \leqslant \boldsymbol{d} \leqslant \overline{\boldsymbol{d}} \end{aligned} \tag{4.20}$$

其中，$\boldsymbol{d}$ 是确定性的传感器布置适应度函数的设计变量，即有限元结点位置，$\underline{\boldsymbol{d}}$ 与 $\overline{\boldsymbol{d}}$ 分别是设计变量取值的边界，传感器布置适应度函数 f 即为 Fisher 信息矩阵的行列式。当该适应度函数越大时，相应的传感器布置方案就越好。

经典的传感器布置优化方法均基于确定性的目标函数，因此只适用于结构不含不确定参数的情况。然而，在实际工程结构中，不确定性难以避免，且不能忽略。结构中存在的不确定性对基于确定性理论的传感器布置优化问题准确应用的

影响也是显著的，此时若利用基于确定性的传感器优化布置方法进行含有不确定性结构的布置时往往得不到最优解。因此，本章提出一种传感器布置的非概率区间鲁棒优化方法，探索该方法在不确定性结构中的适用性，并最终给出传感器在区间不确定性参数结构中的稳健性最优布置方案。

非概率区间鲁棒优化示意图如图 4.1 所示。当确定性结构时，图 4.1 中实线代表确定性传感器布置的优化设计曲线，其最高点为最大适应度函数值，即图中空心点，对应的优化变量值即有限元结点为最优的确定性传感器布置位置，这个优化过程为确定性优化。然而，结构参数存在不确定性时，由于不确定性的传播，导致设计曲线也存在不确定性，即图 4.1 的确定性设计曲线存在波动，如该图中的波动上下界曲线所示。尽管空心点略大于实心点，但其波动范围也明显高于实心点位置，因此，结构存在不确定性时，空心点极有可能不是最佳位置。同时，实心点相较于空心点对不确定性的敏感程度较低，换言之抵抗不确定性的能力要强于空心点，具有更好的鲁棒性即稳健性，可以作为鲁棒最优解。因此，传感器布置的非概率区间鲁棒优化目标函数可以表达为

$$
\begin{aligned}
&\max && f(\boldsymbol{d}, \boldsymbol{b}) \\
&\text{s.t.} && \underline{\boldsymbol{d}} \leqslant \boldsymbol{d} \leqslant \overline{\boldsymbol{d}} \\
& && \boldsymbol{b} \in \boldsymbol{b}^{\mathrm{I}}
\end{aligned} \tag{4.21}
$$

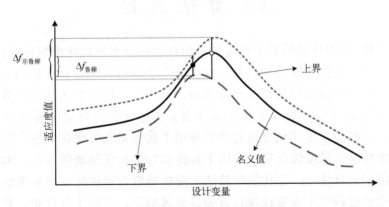

图 4.1　非概率区间鲁棒优化示意图

如式 (4.21) 所示，传感器布置的非概率区间鲁棒优化的适应度函数包括了设计变量 $\boldsymbol{d}$ 以及不确定性参数 $\boldsymbol{b}$。通过上述介绍，传感器布置的非概率区间鲁棒优化可以描述为：通过优化算法能够寻优到一个最佳设计变量使得目标函数具有较大的适应度值，同时兼顾较小的不确定性波动范围。根据该假设，式 (4.21) 的非概率区间鲁棒优化问题可以转化为一个多目标优化问题：

$$
\begin{aligned}
&\max & &f(\boldsymbol{d}, \boldsymbol{b}^{\mathrm{c}}) \\
&\min & &\Delta f(\boldsymbol{d}) \\
&\text{s.t.} & &\underline{\boldsymbol{d}} \leqslant \boldsymbol{d} \leqslant \overline{\boldsymbol{d}} \\
& & &\boldsymbol{b} \in \boldsymbol{b}^{\mathrm{I}}
\end{aligned}
\qquad (4.22)
$$

其中，Δf 为通过不确定性传播分析方法获得的适应度函数的波动值，其可作为传感器布置的非概率区间鲁棒优化中的半径值。为更加方便地进行非概率区间鲁棒优化，式 (4.22) 中双目标优化问题可通过归一化操作以及权重因子手段转化为单目标优化问题[8]：

$$
\begin{aligned}
&\max & &f_{\mathrm{robust}} = \alpha \frac{f^{\mathrm{c}}(\boldsymbol{d}, \boldsymbol{b}^{\mathrm{c}})}{f^{*}} - (1-\alpha) \frac{\Delta f(\boldsymbol{d})}{\Delta f^{*}} \\
&\text{s.t.} & &\underline{\boldsymbol{d}} \leqslant \boldsymbol{d} \leqslant \overline{\boldsymbol{d}} \\
& & &\boldsymbol{b} \in \boldsymbol{b}^{\mathrm{I}}
\end{aligned}
\qquad (4.23)
$$

其中，f^{*} 为确定性传感器布置优化的最优适应度函数，Δf^{*} 是在 f^{*} 时利用不确定性传播分析获得的区间半径值，α 是能够兼顾和权衡传感器布置性能以及波动的权重因子，可有效地将双目标优化问题转化成为单目标优化问题。

4.4　算法流程

众所周知，利用传统的基于梯度的优化算法进行全局优化求解往往比较困难。此外，由于梯度优化算法必须已知目标函数关于所有优化设计变量的偏导数才能进行准确计算，但该偏导数往往很难求得，如本章中提到的传感器布置中 Fisher 信息矩阵行列式目标函数关于优化设计变量有限元结点位置的梯度获取难度较高，因此，常规的梯度优化算法将难以应用于传感器布置优化领域[8-10]。

为克服常规的梯度优化算法应用于传感器布置优化领域的不足，本章考虑利用现代智能优化算法——遗传优化算法实现传感器布置优化问题的求解。遗传优化算法在求解过程中不需要梯度以及偏导数等信息，它的主要优化思想来源于达尔文的生物进化理论中的适者生存原理，将每一个适应度函数分配给每一个潜在最优解[11-13]。遗传优化算法将所有可能的解都视为"基因"，通过从上一代个体中不断的选择、交叉以及变异过程产生出新的个体，当有足够多的进化代数时，最终将会得到最优解。

根据上述遗传优化算法的基本原则、概念以及计算流程，在利用该算法求解优化问题时，首先对全部的设计变量进行编码操作，即传感器优化布置中的有限元结点；其次，利用区间分析方法获得区间 Fisher 信息矩阵，并在此基础上构建

传感器布置的区间鲁棒优化适应度函数；最后，利用遗传优化算法实现整个问题
的寻优过程，将最终获得的最优个体进行解码，以获得最优传感器布置。整个优
化算法的求解过程可以参见图 4.2。

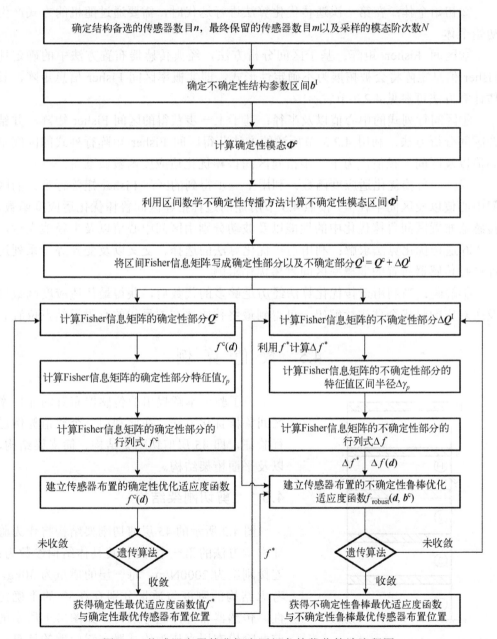

图 4.2　传感器布置的非概率区间鲁棒优化算法流程图

算法的详细求解流程如下。

①编码：传感器布置问题中，所有的待布置有限元结点将作为优化设计变量，需要首先进行编码。

②初始个体：在第一次遗传优化算法进行迭代时，需要通过随机的方式产生初始个体。

③区间 Fisher 矩阵：基于区间分析方法，经典传感器布置方法中的确定性 Fisher 信息矩阵将会被拓展为不确定性形式，即非概率区间 Fisher 信息矩阵，具体计算方法可参见 4.2.2 节。

④区间行列式的中心值以及半径：基于上一步获得的区间 Fisher 矩阵，并结合区间分析方法，利用 4.2.3 节所述的方法获得区间 Fisher 矩阵行列式的区间中心值以及区间半径值，为下一步搭建区间鲁棒优化适应度函数做准备。

⑤区间鲁棒优化适应度函数：利用上一步得到的区间 Fisher 矩阵行列式的区间中心值以及区间半径值，按照 4.3 节所述的过程搭建区间鲁棒优化适应度函数，传感器布置区间鲁棒优化中的性能以及波动分别由区间中心值以及半径值表达。

⑥遗传优化算法求解：利用遗传优化算法的选择、交叉以及变异等一系列过程进行传感器布置的非概率区间鲁棒优化求解。

⑦解码：当利用遗传优化算法经历足够多的代数后，获得最佳适应度函数以及所对应的最优个体进行解码，可得到最终传感器布置最优的有限元结点位置。

4.5 数 值 算 例

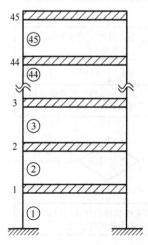

图 4.3 45 层剪切刚架结构示意图

为了验证本章提出的传感器布置的非概率区间鲁棒优化方法，在此利用三个数值算例进行验证，即 45 层剪切刚架结构、简支梁结构，以及平面桁架结构。

4.5.1 剪切刚架结构

图 4.3 所示的 45 层剪切刚架结构将作为验证本章方法的第一个算例。其具体结构参数为：连接刚度为 2000N/m，每一层的质量为 30kg。考虑结构的刚度与质量分别存在 5%的不确定性。传感器布置问题考虑为：如图 4.4 所示的前九阶模态用来作为传感器布置问题的计算，同时考虑将 9 个传感器布置于结构中。

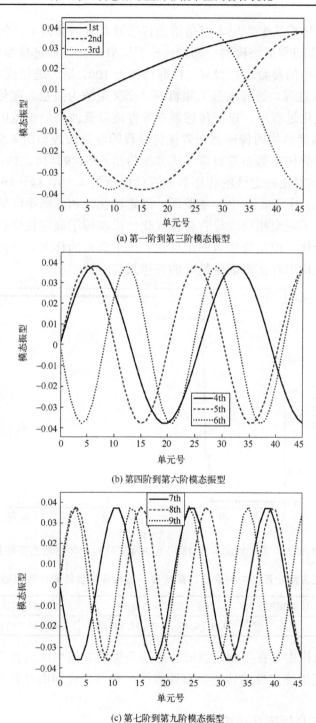

(a) 第一阶到第三阶模态振型

(b) 第四阶到第六阶模态振型

(c) 第七阶到第九阶模态振型

图 4.4　45 层剪切刚架结构的前九阶模态振型图

利用遗传优化算法来实现本章提出的传感器布置的非概率区间鲁棒优化，首先需要将 45 层剪切刚架结构的全部候选位置即有限元结点进行编码。此外，需要对遗传优化算法中的参数进行设置：种群规模为 100，最大进化代数为 500，变异函数为 Gaussian 过程，选择函数为随机的，交叉函数为散点。在传感器布置的非概率区间鲁棒优化过程中，权衡传感器布置性能以及波动的权重因子考虑为 0.8。

45 层剪切刚架结构的传感器布置优化过程的收敛曲线如图 4.5 所示，当结果收敛时，搜寻到的传感器布置鲁棒最优方案为结点 5、9、14、19、24、29、34、39 与 45，同时，对比确定性的传感器布置优化结果 4、9、14、19、25、29、34、39、45，如表 4.1 所示。从中不难发现，确定性优化和非概率区间鲁棒优化的传感器布置方案并不完全相同，尽管鲁棒优化结果相较于确定性优化结果并没有大幅度传感器的变化，但是依然有两个位置发生了邻近的移动。下面通过传感器布置准则来验证结构中存在不确定性时的鲁棒最优位置。

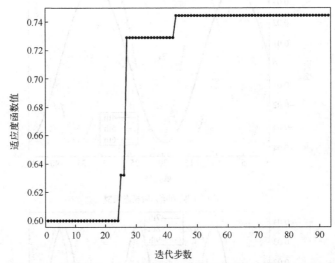

图 4.5　利用遗传优化算法实现 45 层剪切刚架结构的传感器布置收敛曲线图

表 4.1　剪切刚架算例中的确定性最优传感器布置与鲁棒最优传感器布置方案

	传感器个数	确定性最优传感器布置	鲁棒最优传感器布置
45 层剪切刚架	9	4, 9, 14, 19, 25, 29, 34, 39, 45	5, 9, 14, 19, 24, 29, 34, 39, 45

为了验证结构中存在不确定性时传感器布置的非概率区间鲁棒优化得到的传感器布置方案优于确定性的传感器布置方法，本部分将利用经典的传感器布置准则进行验证。

（1）Fisher 信息矩阵行列式准则 $|\boldsymbol{Q}|$。

在本章中，Fisher 信息矩阵行列式 $|\boldsymbol{Q}|$ 为优化目标函数，同时，也可以作为准

则，该值越大，证明所获得的传感器布置方案越好。

（2）最大与最小奇异值比。

最终保留传感器位置所对应的缩减模态矩阵，其最大与最小奇异值的比将作为验证传感器布置方案的第二个准则，可以表示为

$$\beta = \frac{\lambda_{max}}{\lambda_{min}} \tag{4.24}$$

其中，λ_{max} 和 λ_{min} 分别为缩减模态矩阵的最大和最小奇异值。该值越小，证明所获得的传感器布置方案越好。

（3）模态置信准则矩阵非对角元素最大值。

模态置信准则是一种广泛应用于衡量模态线性关系的工具。为了更好地反映结构动力学信息，所采样的模态的空间夹角需要尽可能地大。基于模态的正交性性质，模态置信准则矩阵可以利用两向量表达成如下关系：

$$\text{MAC}_{ij} = \frac{(\boldsymbol{\varphi}_i^{\text{T}} \boldsymbol{\varphi}_j)^2}{(\boldsymbol{\varphi}_i^{\text{T}} \boldsymbol{\varphi}_i)(\boldsymbol{\varphi}_j^{\text{T}} \boldsymbol{\varphi}_j)} \tag{4.25}$$

模态置信准则矩阵非对角元素最大值越小，证明所获得的传感器布置方案越好。

（4）模态置信准则矩阵非对角元素平均值。

与上一准则类似，模态置信准则矩阵非对角元素平均值可以较为容易地求得。值越小，证明所获得的传感器布置方案越好。

利用 45 层剪切刚架结构中刚度与质量的随机数以及上述四种传感器布置准则实现该算例的验证。当结构存在不确定性时，利用本章提出的传感器布置的非概率区间优化方法获得的鲁棒最优位置与经典传感器布置方法获得的确定性最优位置基于四种布置准则验证的结果如表 4.2 所示，其中的模态置信准则结果如图 4.6

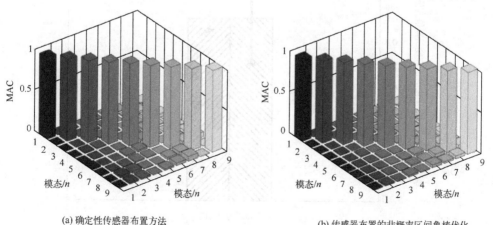

(a) 确定性传感器布置方法　　　　　　　(b) 传感器布置的非概率区间鲁棒优化

图 4.6　45 层剪切刚架结构的模态置信准则验证图

所示。从中不难发现，利用区间鲁棒优化获得的传感器布置方案要好于利用确定性方法的结果。原因可以归因于鲁棒最优结果相较于确定性结果具有较好的抵抗不确定性的能力，即稳健性。于是，我们可以认为，当结构存在不确定性时，将传感器布置于 5、9、14、19、24、29、34、39 与 45 号结点位置，传感器的布置性能将达到最优。

表 4.2   45 层剪切刚架的传感器布置准则验证结果

准则	确定性布置	非概率布置
Fisher 信息矩阵行列式 $|Q|$	6.6632×10^{-20}	6.7201×10^{-20}
最大与最小奇异值比 β	1.8498	1.5866
模态置信准则矩阵非对角元素最大值	0.0576	0.0369
模态置信准则矩阵非对角元素平均值	0.0123	0.0113

上述结果证明了当结构存在不确定性时，鲁棒最优结果将具备更好的传感器布置性能。为了更加详细地观察基于非概率区间鲁棒优化获得的最优传感器布置方案与确定性方法得到的布置的区别，将进一步展示适应度函数值以及波动范围的结果，如图 4.7 所示。区间下界即为优化目标中的适应度函数，区间中心值以及区间半径分别为 $\alpha f^{c}(\boldsymbol{d}, \boldsymbol{b}^{c}) / f^{*}$ 与 $(1-\alpha)\Delta f(\boldsymbol{d}) / \Delta f^{*}$。从该图中不难发现，尽管利用确定性传感器布置方法获得的传感器布置方案在性能上（区间中心值）略高于基于区间鲁棒优化算法获得的方案，但是后者明显具有更加小的波动。推断可得，不确定性将引发确定性适应度函数产生波动，区间鲁棒优化可以通过权重因子实现确

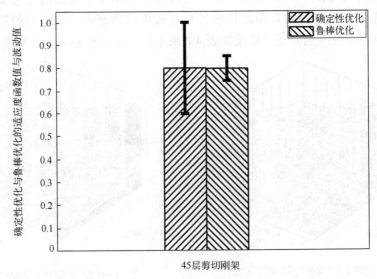

图 4.7   剪切刚架算例中确定性优化与鲁棒优化适应度函数值与波动值

定性适应度函数以及波动之间的权衡,此时利用传感器布置的区间鲁棒优化算法获得的传感器布置方案相较于确定性方案将具有一定的抵抗不确定性的能力。

4.5.2　简支梁结构

为验证本章所提方法的有效性,本节继续用一个简支梁结构进行数值算例讨论,结构如图 4.8 所示。具体参数为:杨氏弹性模量为 $E=210\text{GPa}$,截面高度为 $h=0.02\text{m}$,宽度为 $b=0.02\text{m}$,梁长为 $l=1\text{m}$,密度为 $\rho=7670\text{kg}/\text{m}^3$ 。考虑杨氏模量和质量密度均存在 2%的不确定性。传感器布置问题考虑为:如图 4.9 所示的前六阶模态用来作为传感器布置问题的计算,同时考虑将 6 个传感器布置于结构中。为测量方便起见,只考虑梁的横向自由度作为传感器测量,忽略转角自由度。

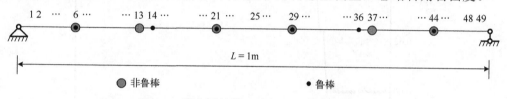

图 4.8　简支梁结构示意图以及传感器布置

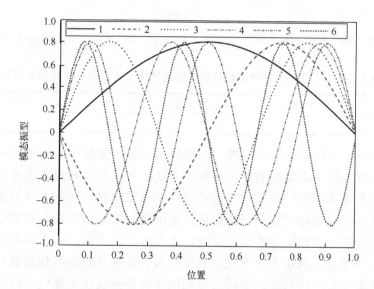

图 4.9　简支梁结构的前六阶模态振型图

简支梁结构的传感器布置优化过程的收敛曲线如图 4.10 所示,当结果收敛时,获得了传感器布置的鲁棒最优位置为结点 6、14、21、29、36 以及 44。同时,对比确定性的传感器布置优化结果为 6、13、21、29、37 以及 44,如图 4.10 与表 4.3 所示。从中不难发现,确定性优化和非概率区间鲁棒优化的传感器布置方案并不完全相同,尽管鲁棒优化结果相较于确定性优化结果并没有大幅度传感器的变化,但是依然有两个位置发生了邻近的移动,下面通过传感器布置准则来验证当结构存在不确定性时的鲁棒最优位置。

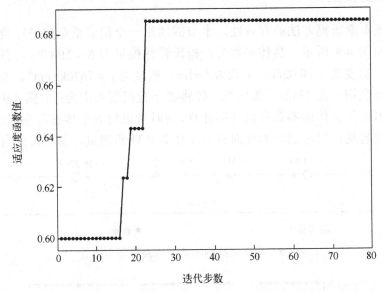

图 4.10　利用遗传优化算法实现简支梁结构的传感器布置收敛曲线图

表 4.3　简支梁算例中的确定性最优传感器布置与鲁棒最优传感器布置方案

	传感器个数	确定性最优传感器布置	鲁棒最优传感器布置
简支梁	6	6, 13, 21, 29, 37, 44	6, 14, 21, 29, 36, 44

　　为了验证当结构存在不确定性时,传感器布置的非概率区间鲁棒优化得到的传感器布置方案优于确定性的传感器布置方法,本部分将利用之前定义的四种经典的传感器布置准则进行验证。当结构存在不确定性时,利用本章提出的传感器布置的非概率区间优化方法获得的鲁棒最优位置与经典传感器布置方法获得的确定性最优位置基于四种布置准则验证的结果如表 4.4 所示,其中的模态置信准则结果如图 4.11 所示。从中不难发现,利用区间鲁棒优化获得的传感器布置方案要好于利用确定性方法的结果。原因可以归因于鲁棒最优结果相较于确定性结果具有更好的抵抗不确定性的能力,即稳健性。基于上诉结论推理可得,当结构存在不确定性时,将传感器布置于 6、14、21、29、36 以及 44 号结点位置,传感器的布置性能将达到最优。

　　图 4.12 可以更加详细地观察基于非概率区间鲁棒优化获得的最优传感器布置方案与确定性方法得到的布置的区别。从该图中不难发现,尽管利用确定性传感

表 4.4　简支梁结构的传感器布置准则验证结果

准则	确定性布置	非概率布置
Fisher 信息矩阵行列式 $|Q|$	166.8578	166.8871
最大与最小奇异值比 β	1.2930	1.2818
模态置信准则矩阵非对角元素最大值	0.0075	0.0072
模态置信准则矩阵非对角元素平均值	0.0018	0.0010

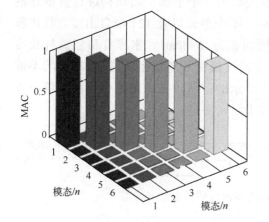
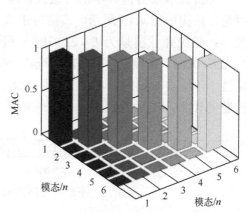

(a) 确定性传感器布置方法　　　　　(b) 传感器布置的非概率区间鲁棒优化

图 4.11　简支梁结构的模态置信准则验证图

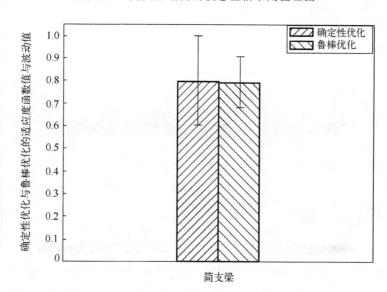

图 4.12　简支梁算例中确定性优化与鲁棒优化适应度函数值与波动值

器布置方法获得的传感器布置方案在性能上(区间中心值)略高于基于区间鲁棒优化算法获得的方案,但是后者明显具有更加小的波动。利用传感器布置的区间鲁棒优化算法获得的传感器布置方案相较于确定性方案将具有一定的抵抗不确定性的能力。

4.5.3　平面桁架结构

为验证本章所提方法的有效性,本章最后用一个平面桁架结构进行数值算例讨论,结构如图 4.13 所示,该结构中共有 151 个单元以及 121 个自由度。具体参数为:杨氏弹性模量为 $E = 210\mathrm{GPa}$,截面面积为 $A = 1\mathrm{cm}^2$,水平杆与竖直杆长度均为 $l = 0.3\mathrm{m}$,密度为 $\rho = 7670\mathrm{kg} / \mathrm{m}^3$。考虑杨氏模量和质量密度均存在 5% 的不确定性。传感器布置问题考虑为:如图 4.14 所示的前八阶模态用来作为传感器布置问题的计算,同时考虑将 8 个传感器布置于结构中。

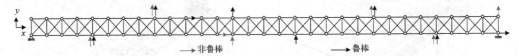

图 4.13　平面桁架结构示意图以及传感器布置方案图

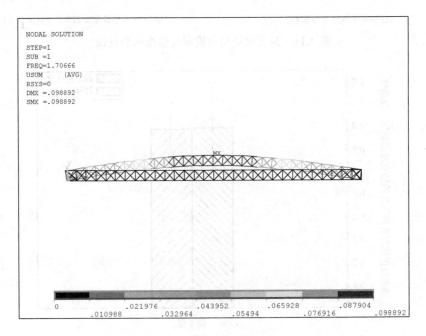

(a) 第一阶振型图

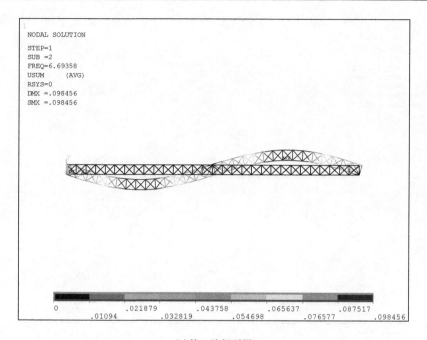

(b) 第二阶振型图

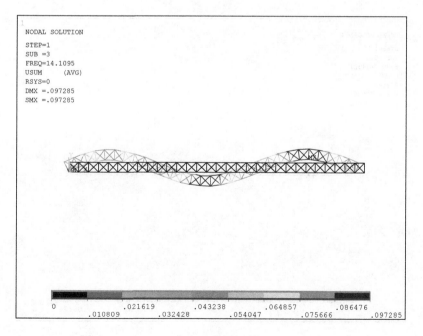

(c) 第三阶振型图

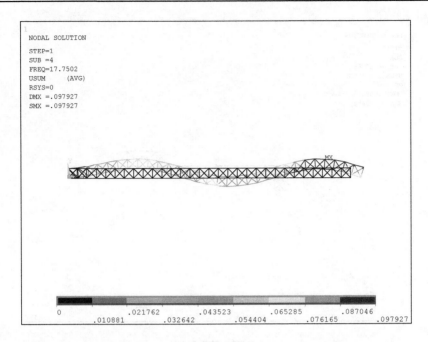

(d) 第四阶振型图

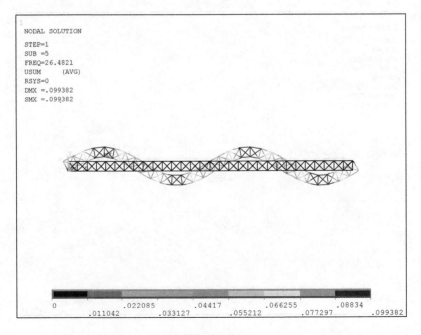

(e) 第五阶振型图

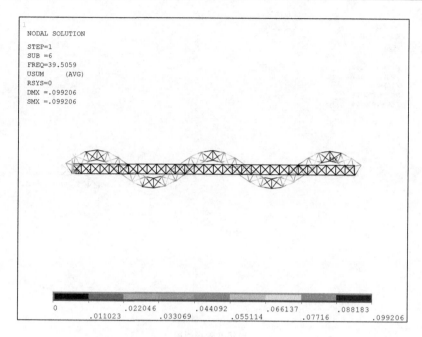

(f) 第六阶振型图

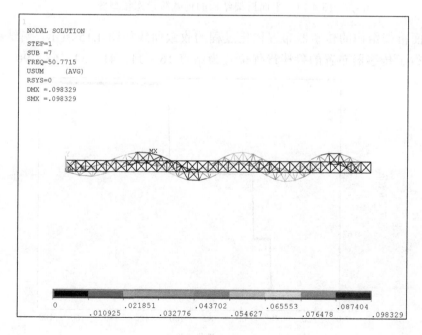

(g) 第七阶振型图

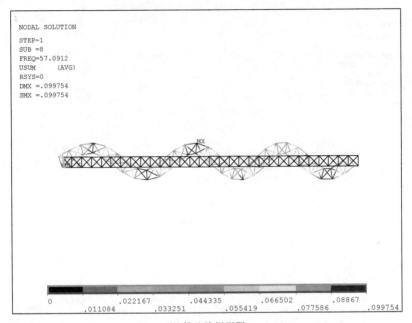

(h) 第八阶振型图

图 4.14　平面桁架结构的前八阶模态振型图

　　平面桁架结构的传感器布置优化过程的收敛曲线如图 4.15 所示，当结果收敛时，获得了传感器布置的鲁棒最优位置为结点 16、34、41、54、68、90、104 以

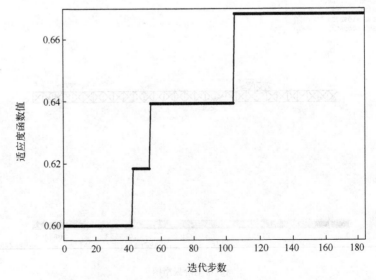

图 4.15　利用遗传优化算法实现平面桁架结构的传感器布置收敛曲线图

及 119，如表 4.5 所示。同时，对比确定性的传感器布置优化结果，从中不难发现，确定性优化和非概率区间鲁棒优化的传感器布置方案并不完全相同，尽管鲁棒优化结果相较于确定性优化结果并没有大幅度传感器的变化，但是依然有三个位置发生了邻近的移动，下面通过传感器布置准则来验证当结构存在不确定性时的鲁棒最优位置。

表 4.5　平面桁架算例中的确定性最优传感器布置与鲁棒最优传感器布置方案

	传感器个数	确定性最优传感器布置	鲁棒最优传感器布置
平面桁架	8	16, 34, 47, 52, 68, 90, 104, 121	16, 34, 41, 54, 68, 90, 104, 119

为了验证当结构存在不确定性时，传感器布置的非概率区间鲁棒优化得到的传感器布置方案优于确定性的传感器布置方法获得的布置位置，本部分将利用之前定义的四种经典的传感器布置准则进行验证。当结构存在不确定性时，利用本章提出的传感器布置的非概率区间优化方法获得的鲁棒最优位置与经典传感器布置方法获得的确定性最优位置基于四种布置准则验证的结果如表 4.6 所示，其中的模态置信准则结果如图 4.16 所示。从中不难发现，利用区间鲁棒优化获得的传感器布置方案要好于利用确定性方法的结果。原因可以归因于鲁棒最优结果相较于确定性结果具有更好的抵抗不确定性的能力，即稳健性。依据上述结论推理可得，当结构存在不确定性时，将传感器布置于 16、34、41、54、68、90、104 以及 119 号结点位置，传感器的布置性能将达到最优。

图 4.17 可以更加详细地观察基于非概率区间鲁棒优化获得的最优传感器布置

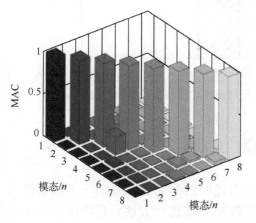 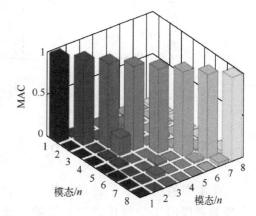

(a) 确定性传感器布置方法　　　　　(b) 传感器布置的非概率区间鲁棒优化

图 4.16　平面桁架结构的模态置信准则验证图

方案与确定性方法得到的布置的区别。从该图中不难发现,尽管利用确定性传感器布置方法获得的传感器布置方案在性能上(区间中心值)略高于基于区间鲁棒优化算法获得的方案,但是后者明显具有更加小的波动。利用传感器布置的区间鲁棒优化算法获得的传感器布置方案相较于确定性方案具有一定的抵抗不确定性的能力。

表 4.6　平面桁架结构的传感器布置准则验证结果

准则	确定性布置	非概率布置
Fisher 信息矩阵行列式 $\|\boldsymbol{Q}\|$	1.6320×10^{-7}	1.6380×10^{-7}
最大与最小奇异值比 β	2.1611	2.1565
模态置信准则矩阵非对角元素最大值	0.2101	0.2075
模态置信准则矩阵非对角元素平均值	0.0138	0.0131

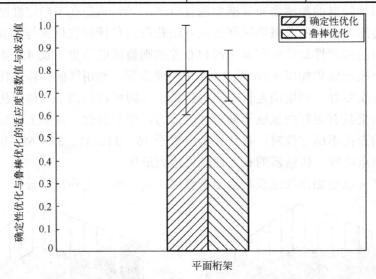

图 4.17　平面桁架算例中确定性优化与鲁棒优化适应度函数值与波动值

4.6　本章小结

在本章的研究中,针对加速度传感器布置中的非完备信息——不确定性结构参数,提出了一种传感器布置的非概率区间鲁棒优化方法,利用区间分析方法将 Fisher 信息矩阵行列式拓展到非概率区间形式,利用归一化技术以及权重因子手段,将传感器布置的区间鲁棒优化中性能以及波动的双目标优化问题转化成单目标优化问题。在此基础上,利用遗传优化算法实现了整个传感器鲁棒优化的求解过程。相较于经典的确定性方法，本章所提出的传感器布置的非概率区间鲁棒优化仅需不确定量的上下界即可获得在不确定条件下的传感器最佳布置方案，提高了传感器布置性能抵抗结构不确定性参数的能力。通过三个数值算例，揭示了所提方法的传感器分布规律，与确定性优化方案进行了对比，并利用四种传感器布置准则进行了相应的验证，证明了所提的区间鲁棒优化方法的有效性和准确性。

参 考 文 献

[1] Sim J S, Qiu Z, Wang X. Modal analysis of structures with uncertain-but-bounded parameters via interval analysis[J]. Journal of Sound and Vibration, 2007, 303(1/2): 29-45.

[2] Jiang C, Han X, Liu G R, et al. A nonlinear interval number programming method for uncertain optimization problems[J]. European Journal of Operational Research, 2008, 188(1): 1-13.

[3] Liu J, Sun X, Han X, et al. Dynamic load identification for stochastic structures based on Gegenbauer polynomial approximation and regularization method[J]. Mechanical Systems and Signal Processing, 2015, 56: 35-54.

[4] Wang L, Xiong C, Wang X, et al. A dimension-wise method and its improvement for multidisciplinary interval uncertainty analysis[J]. Applied Mathematical Modelling, 2018, 59: 680-695.

[5] Wang C, Qiu Z, Xu M, et al. Novel reliability-based optimization method for thermal structure with hybrid random, interval and fuzzy parameters[J]. Applied Mathematical Modelling, 2017, 47: 573-586.

[6] 邱志平. 非概率集合理论凸方法及其应用[M]. 北京: 国防工业出版社, 2005.

[7] Lian J J, He L J, Ma B, et al. Optimal sensor placement for large structures using the nearest neighbour index and a hybrid swarm intelligence algorithm[J]. Smart Materials and Structures, 2013, 22(9): 692-700.

[8] Li Y L, Wang X J, Huang R, et al. Actuator placement robust optimization for vibration control system with interval parameters[J]. Aerospace Science and Technology, 2015, 45(8): 88-98.

[9] Yi T H, Li H N. Methodology developments in sensor placement for health monitoring of civil infrastructures[J]. International Journal of Distributed Sensor Networks, 2012, 8(8): 612726.

[10] Yi T H, Li H N, Gu M. Optimal sensor placement for structural health monitoring based on multiple optimization strategies[J]. The Structural Design of Tall and Special Buildings, 2011, 20(7): 881-900.

[11] Whitley D. A genetic algorithm tutorial[J]. Statistics and Computing, 1994, 4(2): 65-85.

[12] Katoch S, Chauhan S S, Kumar V. A review on genetic algorithm: Past, present, and future[J]. Multimedia Tools and Applications, 2021, 80(5): 8091-8126.

[13] Yi T H, Li H N, Gu M. Optimal sensor placement for health monitoring of high-rise structure based on genetic algorithm[J]. Mathematical Problems in Engineering, 2011: 1-12.

第二篇　基于多维消冗模型的
传感器布置优化设计

第5章 基于一维消冗模型的天线展开模块
传感器布置优化

5.1 引 言

除了第 2 章～第 4 章提到的不确定性信息，在传感器布置工作中还存在另外一种非完备信息——冗余信息，基于消冗信息的传感器布置研究也是目前学术界与工程界持续关注且亟待解决的重要问题。本章提出了一种面向天线展开模块结构健康监测的最优传感器布置方法。根据空间太阳能电站天线展开模块的结构动力学特征，基于有效独立法、有效间隔指数以及布置可靠性，本章定义了一种组合优化目标函数，在实现目标模态有效独立性最大化的同时，避免了相邻位置的信息冗余，并考虑了传感器在折展位置布置的可靠性。本章详细给出了基于遗传算法求解传感器布置优化的过程，并在综合考虑上述传感器布置性能、冗余信息与可靠性的前提下进行优化设计。数值算例结果证明了所提出的传感器组合优化目标函数布置方法在空间太阳能电站中应用的有效性和可行性。

5.2 空间太阳能电站和天线展开模块介绍

5.2.1 空间太阳能电站

空间太阳能电站在轨运行期间，结构子系统可能会发生各种故障，如装配误差引起的结构异常状态、碎片撞击损伤和空间环境导致的材料性能退化等重大安全故障和隐患。因此，为实现面向空间太阳能电站的实时健康监测和诊断，在初始设计阶段开展针对结构健康监测的传感器网络子系统设计是十分必要且有意义的[1, 2]。

5.2.2 天线阵列、天线单元和天线展开模块

由于运载火箭容量的限制，天线展开模块在发射前必须处于折叠状态。在太空中展开后，天线模块相互锁定构成 20m×100m 的平板，两端短边由二级结构连接和支撑。然而，传统的传感器布置优化方法应用于天线展开模块将变得十分复杂，且没有考虑可展开结构对传感器布置优化问题的影响。

5.3　面向结构健康监测的天线展开模块传感器布置优化设计

传感器布置优化既是工程问题又是学术问题[3-5]，在讨论本章研究内容之前，将从传感器布置特点、布置原则和布置方案三个方面分别介绍面向空间太阳能电站的天线展开模块进行结构健康监测的传感器布置优化方法的基本前提和假设条件。

5.3.1　布置特点

异于现有的其他航天器，空间太阳能电站具有大尺寸和高功率的特征。与传统卫星的结构健康监测技术不同，本章设计的传感器分系统主要特点如下。

(1)大尺寸。

空间太阳能电站总长 10km，天线展开模块面积为 20m×100m，远大于传统卫星。因此，该子系统需要大量的传感器进行结构健康监测。

(2)低频率振动。

根据初始动力学分析，整个结构和天线展开模块的基频分别是 10^{-3}Hz 和 10^{-1}Hz 量级。为监测空间太阳能电站的低频振动和结构健康状态，传感器的位置需要进行优化设计，可采用经典的有效独立法、模态置信准则和模态动能等方法来获得空间太阳能电站的最佳动力学监测信息。

(3)可展开结构。

为避免可展开结构对测量的干扰，传感器应尽可能地远离这些关键折展位置，该约束对传感器的最优布置提出更高要求。

(4)高功率。

空间太阳能电站的功率远大于传统的卫星和航天器平台，传感器的布置和微波传输将会互相影响。高功率导致的高温度分布会对天线展开模块的传感器布置造成干扰，另一方面，布置在中间的传感器不利于微波无线能量传输。

(5)使用寿命长。

空间太阳能电站的使用寿命超过 30 年，约是当前卫星使用寿命的 2~3 倍。考虑到空间环境可能造成十分严重的结构子系统退化甚至失效的情况，有必要在空间太阳能电站概念设计的初始步骤中开展面向结构健康监测的传感器布置方案研究。

5.3.2　布置原则

空间太阳能电站中面向结构健康监测的传感器子系统是十分复杂的，本章所提出的对空间太阳能电站的传感器子系统的要求和原则可总结如下。

(1)结构健康监测系统为实现有效监测,需要足够数量的传感器,且对称分布的传感器子系统有助于对结构进行全局评估。

(2)由于空间太阳能电站广泛使用模块化设计,因而面向结构健康监测的传感器子系统设计需要在装配后降低服务要求以避免系统、部件的耦合。

(3)由于空间太阳能电站中的高温分布,在开展结构健康监测的传感器子系统设计时,传感器应布置于远离中心较高温度的位置,适宜布置于温度相对较低的如天线展开模块边缘位置。

(4)可展开结构、机构不利于传感器布置,相应的位置具有较低的布置可靠性,为避免对传感器布置的干扰,折展位置不应优先作为候选位置。

5.3.3　布置方案

传感器的布置方案将从分布、数量和特殊情况三个方面考虑,具体分析如下。

(1)传感器在天线展开模块边缘对称分布。

传感器应布置在温度较低的天线展开模块边缘,避免影响能量运输过程,采用对称分布有利于评估全局动态信息。

(2)足够的传感器数量。

在初始设计中,为实现大型结构的健康监测,每个天线展开模块至少需要 40 个传感器。

(3)尽可能远离可展开结构。

为了避免折展机构的低可靠安装性能对传感器布置的干扰,传感器应尽可能远离可展开机构或结构,因此,不同布置方案的可靠性可作为传感器布置优化问题的优化目标。

5.4　传感器布置的优化目标函数

为解决传感器布置优化问题,本章基于有效独立法和有效间隔指数原理建立了两个优化目标函数,在此基础上,定义了组合函数来平衡两者性能。此外,考虑到可展开结构对天线展开模块上传感器布置的影响,提出了布置可靠性优化目标函数。基于 Fisher 信息矩阵行列式的传感器布置优化指标 f_1 已在前文进行了详细介绍,这里不再赘述,本节将详细介绍其他优化目标函数的具体计算过程。

5.4.1　基于有效间隔指数的优化目标函数

虽然基于最大化 Fisher 信息矩阵可获取结构动力学信息的最优估计,但是该方法并未考虑到在实际问题中两个相邻自由度上行列式拥有相似值,由此产生的冗余信息会导致模态空间相关性。此外，动态采样误差的存在不可避免，尤其是大型空间太阳能电站系统。因此，传感器布置优化中选择两个相邻位置不仅会获得较多的冗余信息，而且会造成资源的浪费[6]。为考虑空间太阳能电站传感器布置优化中模态的空间相关性并避免冗余信息，本节根据位置距离关系构造了一个新的目标函数。

根据天线展开模块中的传感器优化布置设计，传感器应布置在边缘位置。因此，考虑到位置的一维分布，两个位置的距离可以定义如下：

$$\Delta x_i = \left| x_{i+1} - x_i \right|, \quad i = 1, 2, \cdots, m-1 \tag{5.1}$$

其中，x_i 和 x_{i+1} 是布置两个相邻传感器位置的一维坐标，Δx_i 是它们之间的距离。平均距离 μ 和标准方差 σ 分别定义如下：

$$\mu = \frac{1}{m-1} \sum_{i=1}^{m-1} \Delta x_i \tag{5.2}$$

$$\sigma = \sqrt{\frac{1}{m-2} \sum_{i=1}^{m-1} (\Delta x_i - \mu)^2} \tag{5.3}$$

在拥有大量模块的空间太阳能电站中，为了考虑空间相关性和避免冗余信息，传感器需要尽可能以较大的平均距离 μ、较小的标准方差 σ 均匀分布。因此，有效间隔指数，即第二个目标函数，构建如下：

$$f_2 = \mu - \sigma \tag{5.4}$$

第二个目标函数值越大，对应的传感器布置就越好，因而第二个目标函数的最优问题表示如下：

$$\begin{aligned} \max \quad & f_2(\boldsymbol{d}) \\ \text{s.t.} \quad & \underline{\boldsymbol{d}} \leqslant \boldsymbol{d} \leqslant \overline{\boldsymbol{d}} \end{aligned} \tag{5.5}$$

5.4.2　基于有效独立法和有效间隔指数的组合目标函数

基于有效独立法和有效间隔指数可以分别实现线性独立性最大化和冗余信息最小化。由于每一种传感器布置优化方法都有它的优点和不足，因而为了发挥不同方法的优点，避免其弊端，许多研究学者基于传统的传感器布置优化理论进行了大量的组合和改进研究[7, 8]。其中，常见的组合目标函数是基于多个目标函数进行简单数学运算所获得的单目标函数。但是，由于不同传感器布置优化方法的目标函数是完全不同的，因此仅进行简单的数学运算会导致误差。此外，这类组合目标函数并不能继承不同传感器优化布置方法的最优解。因此，为避免不同优化目标函数组合带来的问题，本节通过运用归一化方法和权重因子手段定义了一种新的组合目标函数，表达式如下：

$$f_3 = \left[\alpha \frac{f_1}{f_1^*} + (1-\alpha)\frac{f_2}{f_2^*} \right] = \left[\alpha \frac{1}{f_1^*}\det(\boldsymbol{\Phi}^{\mathrm{T}}\boldsymbol{\Phi}) + (1-\alpha)\frac{1}{f_2^*}(\mu-\sigma) \right] \tag{5.6}$$

其中，f_1^* 与 f_2^* 分别是单目标函数的最优值，α 是权重因子。

当第三个目标函数，即组合目标函数越大时，对应的传感器布置越好。因此，第三个目标函数的优化问题表述如下：

$$\begin{aligned} \max \quad & f_3(\boldsymbol{d}_3) \\ \mathrm{s.t.} \quad & \underline{\boldsymbol{d}} \leqslant \boldsymbol{d}_3 \leqslant \overline{\boldsymbol{d}} \end{aligned} \tag{5.7}$$

5.4.3　基于有效独立法、有效间隔指数与可靠性指标的组合目标函数

根据前文提到的空间太阳能电站的实际工程应用背景和传感器布置优化的设计特点，可展开结构对传感器子系统的特殊要求不容忽视。众所周知，系统可靠性是结构设计中的重要研究领域之一。本章假设不同的传感器位置对应的可靠性不同，因而，整个天线展开模块中面向结构健康监测传感器子系统的可靠性可表示如下：

$$R = \prod_{k=1}^{m} r_k \tag{5.8}$$

其中，r_k 代表第 k 个待布置传感器的可靠性；R 代表面向结构健康监测的整个天线展开模块传感器子系统的可靠性；r_k^d 和 r_k^o 分别代表位于折展位置和一般位置的可靠性，d 和 o 分别为布置在该两类位置的传感器数量。

一般来说，当传感器布置在折展位置时，它们的可靠性要低于远离可展开结构的一般位置。因此，根据第三个目标函数和可靠性要求，本节定义了第四个目标函数，它不仅是有效独立法和有效间隔指数的组合，同时也考虑了天线展开模块上可展开结构带来的影响：

$$f_4 = R \cdot f_3 = R \cdot \left[\alpha \frac{f_1}{f_1^*} + (1-\alpha)\frac{f_2}{f_2^*} \right] = \left(\prod_{k=1}^{m} r_k \right) \cdot \left[\alpha \frac{1}{f_1^*}\det(\boldsymbol{\Phi}^{\mathrm{T}}\boldsymbol{\Phi}) + (1-\alpha)\frac{1}{f_2^*}(\mu-\sigma) \right] \tag{5.9}$$

第四个目标函数越高，对应的传感器布置越好。因此，第四个目标函数的优化问题可以表示如下：

$$\begin{aligned} \max \quad & f_4(\boldsymbol{d}) \\ \mathrm{s.t.} \quad & \underline{\boldsymbol{d}} \leqslant \boldsymbol{d} \leqslant \overline{\boldsymbol{d}} \end{aligned} \tag{5.10}$$

本节给出了四个目标函数和对应的优化问题，f_1 和 f_2 分别基于有效独立法和

有效间隔指数法，f_3 是 f_1 和 f_2 的组合。基于 f_3 和对空间太阳能电站天线展开模块的可展开结构的特殊考虑，本节定义了 f_4。

5.5　算法流程

一般而言，对于一些复杂的优化问题，基于梯度的传统优化算法可得到全局的最优解。然而，传感器布置优化实际上是一个经典的离散组合优化问题，通过求解设计变量的偏导数通常较难得到其目标函数，所以传统优化算法不适用于求解此类问题，但现代智能优化算法则可以克服这个问题。遗传优化算法作为一种成熟的算法，已成功应用于许多领域，尤其是大规模、复杂、离散优化问题。采用遗传优化算法除了能实现全局最优化和离散性的优点外，本节还归纳了其在求解传感器布置优化问题上的优势，具体内容如下。

第一，遗传优化算法的初始化种群设置中，将前期计算得到的单目标函数最优值设为组合目标函数的初始值，能有效提高算法的收敛性和效率。

第二，利用归一化和权重因子的方法，能显著提高遗传优化算法的精度。

因此，本章采用遗传优化算法求解最优解，即传感器最优布置。基于达尔文进化论中的适者生存原理，遗传优化算法通过计算每个可能解决方案的适应度值来模拟进化，假定所有优化参数为个体的基因，通过对上一代种群进行交叉、变异和选择得到新的子代种群，经过足够的进化代便能得到最优解[9, 10]。

基于遗传优化算法的基本原理，首先需要对所有个体进行设计变量的编码。在本章中，假定模态矩阵中的行数对应的有限元结点编号为离散设计变量。例如，假设传感器位于第 1, 5, 10, 24, 39 和 58 六个结点上，即设计变量 $d =[1,5,10,24,39,58]^T$。该优化问题需要满足实际布置中的基本要求，即约束条件为设计方案中禁止不同传感器结点布置在同样的位置，如 $d =[1,5,10,39,39,58]^T$。此外，基于有效独立法和有效间隔指数构建两个目标函数，并运用遗传优化算法搜索传感器布置问题的最优解。前两个优化问题的初始种群是随机的。为提高收敛速度，通过求解前两个优化问题分别得到的最佳个体 d_1^* 和 d_2^* 作为第三个优化目标的初始种群。将得到的第三个优化目标的最佳解 d_3^* 作为第四个优化目标的初始种群，第四个目标函数考虑了整个传感器子系统的可靠性。在求解第三和第四个目标函数的过程中，应用了遗传优化算法。基于遗传优化算法的空间太阳能电站天线展开模块的传感器布置优化过程如图 5.1 所示。

第一步，编码：将有限元结点数，即模态振型矩阵的行数，作为离散设计变量，并在遗传优化算法中对其进行编码。

第二步，适应度计算：基于有效独立法和有效间隔指数分别建立 f_1 和 f_2 的两个适应度函数。

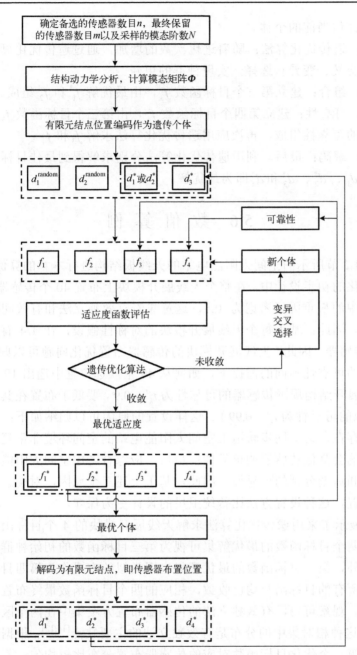

图 5.1　面向天线展开模块上传感器布置优化问题的遗传优化算法流程图

第三步，初始化：为了加速收敛，四个优化问题的初始个体分别是 d_1^{random}、d_2^{random}、d_1^* 或 d_2^*、d_3^* 对应的传感器布置方案。

第四步，进化：遗传优化算法每次迭代都得到一组适应度较优的个体，可用收敛准则来评估当前的个体。

第五步，遗传优化算法：随着进化次数的增加，通过遗传优化算法进行种群中个体间的交叉、变异和选择，实现种群的更新。

第六步，组合：建立第三个目标函数 f_3，由最优解 f_1^* 和 f_2^* 组成。

第七步，可靠性：建立第四个目标函数 f_4，由第三个目标函数 f_3 和各个传感器对应位置的可靠性组成，再次应用遗传优化算法求解 f_3 和 f_4。

第八步，解码：最后，利用遗传优化算法分别求解得到最佳目标函数值对应的设计变量 d_1^*、d_2^*、d_3^* 和 d_4^* 即为最优解。

5.6　数值算例

利用 2.4.2 节所示的空间太阳能电站的天线板结构进行本章的算例验证。在传感器布置优化的初步设计中，在整个天线展开模块上布置 40 个传感器。此外，组合目标函数中的权重因子考虑为 0.5，这意味着有效独立法和有效间隔指数具有相同的权重。因此，基于每个天线展开模块的对称性假设，在 1/4 有限元模型各布置 10 个传感器。因此，天线展开模块的传感器布置优化问题可以归纳为：在考虑不同位置的可靠性不同的前提下，如何从 49 个候选位置中选出 10 个位置。

假设可展开结构周围传感器的可靠性为 $r_k^d = 0.9$，要低于布置在其他位置上的传感器（对应的可靠性为 $r_k^o = 0.99$）。这样设置的原因可以归纳如下：首先，由于空间碎片的存在，地球同步轨道上空间太阳能电站的空间环境非常复杂；第二，高温分布影响会降低传感器的可靠性；最后，应综合考虑空间太阳能电站在使用寿命的前期和后期分别的可靠性。因此，基于上述三个原因，对传感器的可靠性进行如上设置，这种设置方法比传统卫星的设计更为保守。

图 5.2 展示了采用遗传优化算法求解天线展开模块的 4 个目标函数得到的收敛曲线，前两个目标函数的最优解集可视为第三目标函数的初始种群，以加快收敛速度。此外，第三目标函数的最优解集也用类似的方式作为第四目标函数的初始种群。当所有的目标函数均已收敛，相应的四个目标函数最终布置如表 5.1 和图 5.3 所示。观察可得，有效独立法的传感器布置方案集中在两个区域：17～21 和 36～40，这种相对集中的分布是有效独立法的主要缺点[11,12]；根据有效间隔指数的定义，第二个优化目标函数对应的传感器布置分布比较均匀；基于前两个目标函数的组合，优化第三个目标函数得到的传感器布置结果既不分散也不集中，但它没有考虑到可展开结构带来的影响；基于第三个目标函数和可靠性指标[13-15]，第四个目标函数优化得到的最优布置避免了将传感器布置在可展开结构上，即图 5.3 天线展开模块有限元模型中虚线所示位置。此外，必须指出的是，第四个目标函

数对应的最优解集并不是简单地对第三个目标的最优解集在可展开结构附近选定的传感器位置进行改变，该优化方案也移动了一些位于一般位置的传感器，其中仅有四个传感器的位置维持不变，即 24、28、32 和 36。

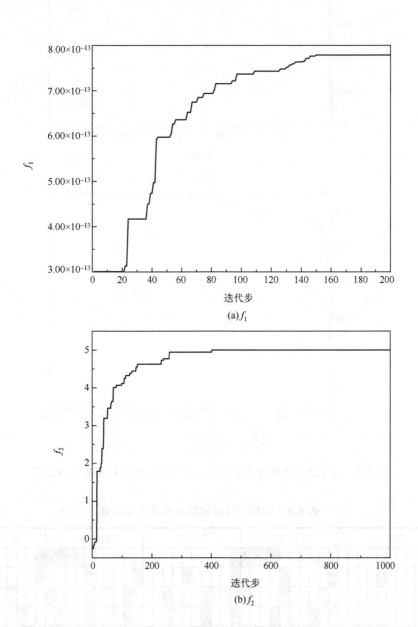

(a)f_1

(b)f_2

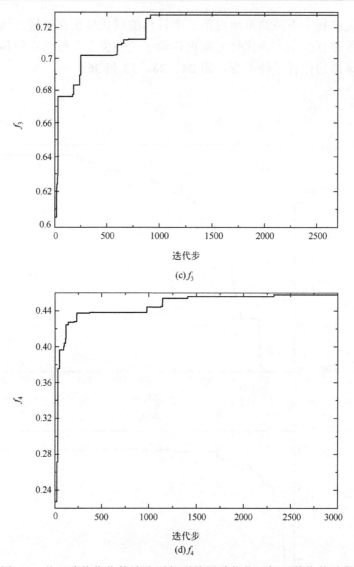

(c) f_3

(d) f_4

图 5.2　基于遗传优化算法分别得到的四种优化目标函数收敛过程

表 5.1　四种目标函数的传感器布置结果

..	1～10										11～20										21～30										31～40										41～49								
f_1																																																	
f_2																																																	
f_3																																																	
f_4																																																	

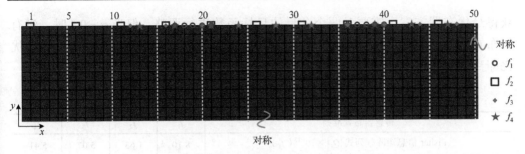

图 5.3　四种目标函数得到传感器布置结果

为了验证这种方法的准确性,本章采用以下的标准来评估四个优化目标函数得到的传感器布置。其中,Fisher 信息矩阵行列式、奇异值之比、最大和平均模态置信准则非对角线值等三个标准的具体介绍见 4.5.1 节。

(1)冗余信息指数。

作为本章的第二个目标函数,有效间隔指数也可以作为一个标准。当它越高时,表示对应的传感器布置也就越好。

(2)可靠性。

考虑到可展开结构对传感器布置的影响,整个天线展开模块上的传感器子系统的可靠性可以作为最后的判据。

由于天线展开模块的动力响应中存在 5%的噪声,表 5.2 列出了按上述标准对四种优化后传感器布置的评价结果。观察可知,若将目标函数作为评价标准,则其对应性能为最优值。考虑到天线展开模块的模态相关性,并避免冗余信息的影响,f_2 对应的奇异值之比和模态置信准则非对角线值均最优。在 f_1 中,由于存在较为集中的传感器布置方案导致有效间隔指数表现最差;相反,f_2 对应的 Fisher 信息矩阵行列式为最劣值。由于考虑到 f_1 和 f_2 之间的平衡,f_3 的 Fisher 信息矩阵行列式和有效间隔指数的性能都得到了改善,但 f_3 在天线展开模块中将传感器布置在折展位置,导致可靠性较低。综合考虑 Fisher 信息矩阵行列式、有效间隔指数和可靠性,考虑所有目标函数,f_4 的性能得到综合性的提高。

此外,本章列出不同权重因子 α 对传感器布置优化的影响。随着 α 的变化,f_1 和 f_2 之间的偏好也有所改变,从而得到了 f_3 不同的传感器布置。如式(5.6)所示,当 α 趋近于 0 时,f_2 起主导作用;反之,f_1 则起主导作用。目标函数值和传感器布置在不同权重因子上的变化趋势分别如表 5.3 和图 5.4 所示。将 f_1 和 f_2 进行归一化,得到两条随 α 增加而变化的曲线,如图 5.4 所示,上升和下降的趋势和上述讨论保持一致。根据变化趋势可知,组合函数 f_3 的趋势先下降后上升。此外,值得注意的是,f_1 和 f_2 在 $\alpha = 0.4$ 时的趋势十分特殊,原因见表 5.3。分析如下:当 α 分别是 0.2,0.3 和 0.5 时,传感器将依次移动到下一个结点位置,然而为了获得最优布置方案，需要对两个分量的目标函数进行调整。但当 $\alpha=0.4$ 时，没有待布置传感器的位置可供选择。实际上，这种现象是由传感器布置优化是整数优化即离散型优化设计变量造成的。

表 5.2　5%噪声下各标准的传感器布置优化验证结果

传感器布置准则	f_1	f_2	f_3	f_4
Fisher 信息矩阵行列式 $\lvert \boldsymbol{Q}_s \rvert \times 10^{-13}$ (f_1)	8.10	1.63	5.07	5.41
条件数 β	1.95	1.79	1.79	1.81
模态置信准则矩阵非对角元素最大值×10^{-2}	1.98	0.458	0.843	1.79
模态置信准则矩阵非对角元素平均值×10^{-3}	1.46	0.354	0.661	1.22
有效间隔指数（ f_2 ）	−2.11	5.00	4.00	3.34
可靠性	0.312	0.669	0.312	0.669

表 5.3　f_3 在不同权重因子下的传感器布置优化结果

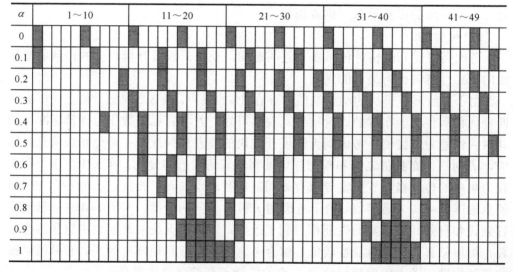

目前很难给出不同结构下的最优权重因子 α ，主要原因在于这两项指标在不同结构中的敏感性不同。例如，该两项优化目标函数在离散桁架和连续板中拥有不同的灵敏度。另一方面，工程师和设计师可通过调整权重以实现对某一指标的偏好，从而平衡振动特性和冗余信息。

此外，还讨论了不同 r_k^d 对传感器布置优化的影响，天线展开模块中传感器子系统的两个目标函数值和传感器子系统的可靠性如图 5.5 所示。r_k^o 自始至终假定为 0.99，观察可得，若 r_k^d 不等于 r_k^o ，则第四个目标函数的最优传感器布置不同于第三个目标，并总体可靠性有所提高，当 r_k^d 为 0.98 时也具有相同变化趋势。但随着 r_k^d 从 0.9 增加到 0.98，第三和第四个目标函数的传感器布置方案将不再发生改变。

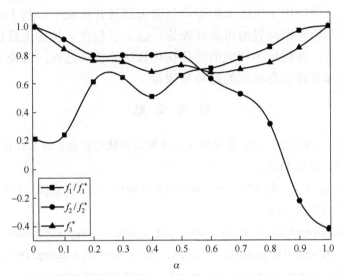

图 5.4 不同权重因子下的 f_3^* 和两组分归一化值

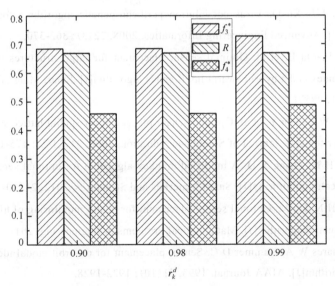

图 5.5 不同 r_k^d 下 f_3^*、f_4^* 和 R 的值

5.7 本章小结

基于有效独立法的传感器布置优化方法容易获得采样距离过近的传感器布

置，并导致信息的冗余。此外，该方法亦无法区分结构中不同位置布置传感器的可靠性。为了克服上述不足，本章提出了一种传感器布置优化的方法来选择最优的传感器位置，并应用于空间太阳能电站的天线展开模块中。基于有效独立法、有效间隔指数和传感器位置的可靠性理论，建立了包含多种优化目标函数的传感器布置优化方法，并展示了相应的遗传优化算法的优化过程，讨论了不同权重系数和可靠性指标下传感器布置的趋势和规律。

参 考 文 献

[1] 侯欣宾，王立，张兴华，等. 多旋转关节空间太阳能电站概念方案设计[J]. 宇航学报，2015, 36(11): 1332-1338.

[2] 杨辰，侯欣宾，王立. 太空发电站参数化有限元建模与设计平台[J]. 中国空间科学技术，2018, 38(3): 15-23.

[3] Carne T G, Dohrmann C R. A modal test design strategy for model correlation[C]// Proceedings of SPIE-The International Society for Optical Engineering, 1994, 2460: 927.

[4] Kammer D C. Sensor placement for on-orbit modal identification and correlation of large space structures[J]. Journal of Guidance, Control, and Dynamics, 1991, 14(2): 251-259.

[5] Kang F, Li J J, Xu Q. Virus coevolution partheno-genetic algorithms for optimal sensor placement[J]. Advanced Engineering Informatics, 2008, 22(3): 362-370.

[6] Lian J, He L, Ma B, et al. Optimal sensor placement for large structures using the nearest neighbour index and a hybrid swarm intelligence algorithm[J]. Smart Materials and Structures, 2013, 22(9): 095015.

[7] Liu W, Gao W C, Sun Y, et al. Optimal sensor placement for spatial lattice structure based on genetic algorithms[J]. Journal of Sound and Vibration, 2008, 317(1/2): 175-189.

[8] Yi T H, Li H N, Zhang X D. A modified monkey algorithm for optimal sensor placement in structural health monitoring[J]. Smart Materials and Structures, 2012, 21(10): 105033.

[9] Yi T H, Li H N, Gu M. Optimal sensor placement for health monitoring of high-rise structure based on genetic algorithm[J]. Mathematical Problems in Engineering, 2011: 1-12.

[10] Yao L, Sethares W A, Kammer D C. Sensor placement for on-orbit modal identification via a genetic algorithm[J]. AIAA Journal, 1993, 31(10): 1922-1928.

[11] Friswell M I, Castrotriguero R. Clustering of sensor locations using the effective independence method[J]. AIAA Journal, 2015, 53(5): 1-3.

[12] Li D S, Li H N, Fritzen C P. Comments on "Clustering of sensor locations using the effective independence method"[J]. AIAA Journal, 2016, 54(6): 1-2.

[13] Ben-Haim Y. A non-probabilistic concept of reliability[J]. Structural Safety, 1994, 14(4): 227-245.

[14] Li J, Chen J, Fan W. The equivalent extreme-value event and evaluation of the structural system reliability[J]. Structural Safety, 2007, 29(2): 112-131.

[15] Yang C, Ouyang H. A novel load-dependent sensor placement method for model updating based on time-dependent reliability optimization considering multi-source uncertainties[J]. Mechanical Systems and Signal Processing, 2022, 165: 108386.

[12] Bcnsham Y. A probabilistic estimate of optical [H]. Sanitation Safety. 1997. 123(7): 237-247.

[13] Li C, Li ZJ, Cai M, et al. [J]. structural system stability[J]. structural stability. 2007. 25-33.

[14] Yam C, Cheng C, H, et al. [J]. based on time-dependent reliability optimization of acoustic analysis dose cancer effect. Mechanical and Structural Process, 2004. 26(5): 249-266.

第6章 基于分布指数与有限元离散的 传感器二维消冗布置方法

6.1 引 言

本章基于传感器布置中有限元网格的调整与影响,提出了一种基于分布指数与有限元离散的传感器消冗布置方法,可以在满足传感器布置性能要求的条件下,同时兼顾传感器布置的冗余信息。首先,结合有限元离散网格、传感器布置信息、传感器布置性能以及计算求解效率,阐明了各因素之间的关系并总结了已有工作,由此明确了本章的研究动机。为克服传感器在有限元网格过密时容易产生密集布置的缺陷,提出了一种可同时考虑最近传感器距离以及整体传感器的分布范围的传感器分布指数(sensor distribution index,SDI),并用一个实际算例进行了验证,对比了现有消冗函数——NNI 指标的不足。在此基础上,基于两种传感器布置的单目标函数——传感器布置性能的 Fisher 信息矩阵行列式以及传感器分布性能(消冗布置)的传感器分布指数,利用归一化技术以及权重因子手段,建立了一种传感器布置性能与分布性能的组合适应度函数,并利用遗传优化算法实现了上述目标的寻优过程。所建立的组合适应度函数,可以有效避免已有的基于指数或对数简单组合目标因各个单目标量级不同而造成的误差。

6.2 问题的提出——有限元网格与冗余信息 对传感器布置的影响

众所周知,将传感器布置于结构中,需将结构事先进行适当密度的有限元网格离散,最终将传感器布置于有限元结点上以获取结点的振动信息。因此,有限元网格离散程度对传感器布置的影响不能忽略,然而,传感器布置优化领域尚没有较为深入的关于有限元网格离散密度定量研究。

　　首先，过于稀疏的有限元网格往往不能准确激发结构振动的模态，此时传感器布置往往是不准确的。传感器布置性能与网格密度的关系如图 6.1 所示。

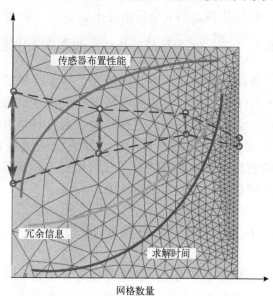

图 6.1　不同有限元网格密度的传感器布置性能、冗余信息以及优化求解时间关系

　　其次，Penny 等[1]首先提到了在传感器布置问题中必然存在一个较为合适的有限元网格密度，与最佳位置最为邻近的有限元结点最终将会被选为布置传感器。不同的网格密度将会使传感器位置进行调整，如图 6.2[1]所示。在图 6.2 的稀疏网格中，最邻近最优布置位置的是 A 结点，但是在稍密的网格中，最佳布置位置会移动到 B 点。在结构划分多种网格密度布置传感器时，尽管传感器布置位置没有发生大范围改变，但是可能会至少移动一个单元尺度的距离，这种在一定程度上归因于有限元网格离散程度的布置位置偏差会影响传感器的最优布置。由此可见，有限元网格离散对传感器布置的影响是不可忽略的，特别是某些对传感器布置精度要求较高的领域。

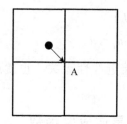
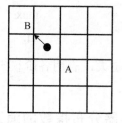

图 6.2　有限元网格密度对传感器布置的影响[1]

　　然而，过密的网格并不意味着对传感器布置有益，实际上，网格过密会造成两种缺陷。首先，从数学建模的角度上看，传感器布置是一种典型的组合数学问题，它可以描述为：如何从备选的 n 个自由度中选出 m 个布置传感器的位置，表达为组合数 $\binom{m}{n}$，即从 $\dfrac{n!}{(n-m)!m!}$ 个可能的传感器布置方案中选出一个最优的。随着网格密度的增加，该组合数的规模将急剧增大，严重降低了传感器布置的计算求解效率，如图 6.1 所示。另外，过密的网格会造成传感器布置的冗余信息，某些相邻很近的位置可能会被同时选到。这种冗余信息可解释为在邻近的位置布置多个传感器往往远不如只在该区域布置一个，这将会造成传感器布置的资源浪费[2-4]。因此，适当的有限元网格离散密度不仅可以提高传感器布置性能，也能降低传感器布置的冗余信息，同时改善求解效率。

6.3　传感器布置适应度函数

　　为实现在结构中布置传感器优化，首先需要定义优化目标函数，即适应度函数，其为决定传感器布置性能优劣的重要标准之一。本节中，基于有效独立法以及传感器分布指数，分别定义了考虑传感器布置性能以及分布的两种单目标函数，在此基础上，利用归一化以及权重因子手段，将二者组合，建立了一种基于有效独立法与传感器分布指数的组合适应度函数。

6.3.1　基于有效独立法的传感器布置性能适应度函数

　　基于有效独立法，利用 Fisher 信息矩阵的行列式来表征传感器布置的性能，已在前文章节中进行了较为详细的介绍，这里不再赘述，可将其作为本节讨论的第一个适应度函数：

$$f_1 = \det(\boldsymbol{\Phi}^{\mathrm{T}}\boldsymbol{\Phi}) = \det(\boldsymbol{Q}) \tag{6.1}$$

　　于是，传感器布置优化问题可以表达为

$$\begin{aligned} \max \quad & f_1(\boldsymbol{d}_1) \\ \text{s.t.} \quad & \underline{\boldsymbol{d}} \leqslant \boldsymbol{d}_1 \leqslant \overline{\boldsymbol{d}} \end{aligned} \tag{6.2}$$

　　该适应度函数越大，表明各阶模态越接近线性无关，也就意味着所对应的传感器布置性能越好。

6.3.2　基于传感器分布指数的消冗信息适应度函数

　　尽管将 Fisher 信息矩阵行列式最大化可以获得最佳性能的传感器布置方案，

但实际上因采样过于邻近的自由度而产生的相近行列式值并没有被考虑。然而，由于在动力学测量中的误差难以避免，这种因过于邻近产生的传感器布置冗余信息缺陷将会导致模态空间难以辨认。

　　因此，Lian 等[5]创造性地提出了一种最近相邻指数（nearest neighbour index，NNI）以消除传感器布置冗余信息的适应度函数，能克服经典有效独立法在传感器布置领域会产生布置信息冗余的固有缺陷，该适应度函数包括邻近距离 $D(NN)$ 和整体分布范围 $D(ran)$，表达为

$$R = \frac{D(NN)}{D(ran)} \tag{6.3}$$

其中，该适应度函数的分子与分母可以分别表达为

$$D(NN) = \sum_{i=1}^{m} \frac{\min(D_{ij})}{m} \tag{6.4}$$

和

$$D(ran) = \frac{1}{2} \sqrt{\frac{A}{m}} \tag{6.5}$$

其中，$\min(D_{ij})$ 为每一个传感器与其最邻近传感器之间的距离，A 是考虑布置传感器结构区域的面积，m 是传感器个数。该指标通过创造性地建立传感器的相邻最近距离，消除了传感器布置中的冗余信息。该指标 R 越大，传感器布置的分布性就越好，冗余信息就越低。

　　该指标是一项简单且重要并具有较高实用性的考虑传感器分布范围的工具，因为它能最大程度上拉开与布置的邻近传感器间的距离，有效降低传感器布置中的冗余信息。当它与经典的有效独立法、模态动能法以及模态置信准则法等评估传感器布置性能的目标函数组合使用时，可以权衡传感器布置性能与分布范围这两项指标。然而，该指标仅考虑了布置传感器结构区域的面积，即参数 A，并没有考虑所布置的全部传感器在结构中的分布范围。当布置传感器结构区域的面积相同时，传感器在结构中的分布范围可能不同。而 NNI 指标仅考虑了邻近传感器布置距离与布置传感器结构区域的面积比值，并未涉及可体现传感器布置分布范围的相关参数，这就可能造成 NNI 指标的失效。

　　为了更加清晰地解释 NNI 指标的不足，在此列举一个简单且有效的例子来说明 NNI 指标存在的缺陷，具体如图 6.3 所示。

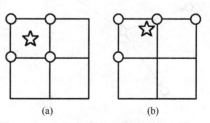

图 6.3　传感器最近相邻指数 NNI 与传感器分布指数 SDI 的比较

图 6.3 中，一个方形板被离散成 4 个相同的四边形单元，该模型共有 9 个结点，待布置传感器数量为 4，用图中的圆圈代表。基于消冗函数，讨论如图 6.3 所示两种传感器布置方案。

不难发现，在两种布置方案中，具备完全相同的布置传感器结构区域的面积（方形板面积）以及传感器数量（4 个），两种分布方案均利用 NNI 进行冗余信息的评估，分母 $D(ran)$ 均为 0.5。基于简单计算结果观察可得，两种分布方案利用 NNI 时，所有的传感器与其邻近传感器间距离 $\min(D_{ij})$ 均为 1，所以两种布置方案的分子 $D(NN)$ 均为 1。因此，由 NNI 的计算公式不难计算出两种方案的 NNI 指标均为 2，即 NNI 指标反映了两种方案具备完全相同的冗余信息。

然而，基于直观经验可知，两种传感器布置方案并不一致，图 6.3(b) 方案中所布置的传感器分散性要明显好于图 6.3(a)，因为图 6.3(a) 方案中的传感器布置已经完全集中于方形板的左上角，分散性极差，且不存在其他任何一组布置方案的分散性劣于图 6.3(a) 中的方案。图 6.3(b) 中所示方案也服从了单变量改变原则，将图 6.3(a) 中布置于方板中间的传感器移至了右上角位置。由于两个方案中仅向较远方向移动了一个传感器，所以图 6.3(b) 的分散性必然好于方案图 6.3(a)，由直观经验可判断两种传感器布置方案存在差异，然而由 NNI 计算出的两种传感器布置方案的分散性却一致，与分析结论存在严重不符与矛盾，由此可以发现，NNI 指标存在一定的缺陷。

正如开始所介绍，NNI 的这种缺陷主要归因于该适应度函数仅考虑了最近相邻传感器布置距离与布置传感器的结构区域面积的比值，并没有考虑所有传感器布置的分布范围对整体的影响。

因此，为克服 NNI 的缺陷，本章提出一种更加准确的描述传感器布置中冗余信息的适应度函数——传感器分布指数（sensor distribution index，SDI），该指标以 NNI 为基础，并且实现有效的修正，最为关键的步骤在于其考虑了所有传感器的分布范围。该指标具体的推导过程如下文所述。

首先，定义如图 6.4 所示的所布置全部传感器位置的几何中心，即图中的星 c 位置，具体表达式为

$$c = \frac{1}{m}\sum_{i=1}^{m} s_i \tag{6.6}$$

其中，s_i 是第 i 个传感器的位置，c 是所布置 m 个传感器的中心，写成坐标形式可以表达为

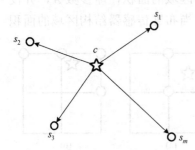

图 6.4　传感器布置中心的
定义示意图

$$(x_\mathrm{c}, y_\mathrm{c}) = \left(\frac{1}{m} \sum_{i=1}^{m} x_i, \frac{1}{m} \sum_{i=1}^{m} y_i \right) \tag{6.7}$$

因此，传感器布置范围可以定义为全部传感器到中心的平均距离，具体可以写为

$$\mu = \frac{1}{m} \sum_{i=1}^{m} \sqrt{(x_i - x_\mathrm{c})^2 + (y_i - y_\mathrm{c})^2} \tag{6.8}$$

接着，基于 Lian 等[5]提出的传感器消冗信息适应度函数 NNI 进行了修正，即额外考虑了传感器布置范围，设计了一种新的传感器布置消除冗余信息的适应度函数——传感器分布指数，其可以表达为

$$\mathrm{SDI} = \frac{\mu \sum_{i=1}^{m} \min(D_{ij})}{\lambda A} \tag{6.9}$$

其中，λ 是单位化因子。

从式 (6.9) 不难发现，传感器分布指数为无量纲量。单位化因子 λ 可以通过如下的方法求得：假设 m 个传感器需要布置在一个圆上，即最佳的传感器布置方案为等间隔分布在圆周上，此时随着传感器个数 m 的增加，传感器分布指数最终取为 1。依据上述假设可得：

$$\mathrm{SDI}_{\mathrm{circle}} = \frac{\mu \sum_{i=1}^{m} \min(D_{ij})}{\lambda A} = \frac{r \cdot m \cdot \dfrac{2\pi r}{m}}{\lambda \cdot \pi r^2} \tag{6.10}$$

其中，r 为圆的半径。

因此，将上式中的传感器数量取极限，使其满足单位值，即

$$\lim_{m \to \infty} \mathrm{SDI}_{\mathrm{circle}} = 1 \tag{6.11}$$

于是，为满足式 (6.11) 成立，λ 应取 2。

最终，所定义的传感器分布指数可以表达为

$$\mathrm{SDI} = \frac{\mu \sum_{i=1}^{m} \min(D_{ij})}{2A} \tag{6.12}$$

因此，传感器分布指数可用于评估传感器布置中的分布范围。在此，仍基于原方形板的算例，对上述传感器分布指数进行验证。在图 6.3(a) 方案中，传感器分布指数的取值为 0.3536，而在图 6.3(b) 方案中，取值为 0.4349。即方案图 6.3(b) 中传感器分布指数取值较大，反映了图 6.3(b) 方案具有较好的传感器布置，与实际的工程经验相吻合。

　　至此，验证了本章提出的传感器分布指数的有效性与准确性，更详细的说明与讨论参见后续章节。最终，基于传感器分布指数构建了第二个传感器布置函数，即传感器的消冗布置适应度函数定义如下：

$$f_2 = \frac{\mu \sum\limits_{i=1}^{m} \min(D_{ij})}{2A} \tag{6.13}$$

　　当第二个适应度函数越大时，相应的传感器布置方案越优。因此，第二个适应度函数的优化问题可以表达为

$$\begin{aligned} \max \quad & f_2(\boldsymbol{d}_2) \\ \text{s.t.} \quad & \underline{\boldsymbol{d}} \leqslant \boldsymbol{d}_2 \leqslant \overline{\boldsymbol{d}} \end{aligned} \tag{6.14}$$

其中，$\boldsymbol{d}_2$ 是第二个适应度函数的设计变量，即有限元结点位置。

6.3.3　基于有效独立法与传感器分布指数的组合适应度函数

　　现有的传感器布置研究主要基于经典方法进行组合和修正，如文献[6, 7]，这些工作的有效性以及准确性也在很多实际工程中得到了验证。现有的组合方法为将多目标优化问题转化为单目标优化，仅将各单一优化目标做简单数学处理（相乘组合、对数组合、幂指数组合）。这种基于简单的数学操作进行组合的方式，忽略了各单一目标的量级差异，仅能表达优化函数的单调性，但实际上可能会因为各个单目标函数量级的不同而造成误差，很难保证各指标在多目标中具有一致的灵敏度。作为传感器布置优化问题的"大脑"——多目标优化模型的准确建立将直接影响着优化问题的求解。令人遗憾的是，现有传感器布置方法并未考虑不同单一指标的量级差异，优化精度和收敛性均难以保证。

　　因此，在本章中，根据前文分别建立的考虑传感器布置性能以及消冗信息的单目标适应度函数，利用归一化技术以及权重因子手段，提出一种新的组合适应度函数，可以表示为

$$f_3 = \alpha \frac{f_1}{f_1^*} + (1-\alpha)\frac{f_2}{f_2^*} = \alpha \frac{1}{f_1^*}\det(\boldsymbol{\varPhi}^{\mathrm{T}}\boldsymbol{\varPhi}) + (1-\alpha)\frac{1}{f_2^*}\frac{\mu\sum\limits_{i=1}^{m}\min(D_{ij})}{2A} \tag{6.15}$$

其中，f_1^* 与 f_2^* 分别是单目标函数的最优值，α 是权重因子。

　　由于在组合适应度函数中利用了归一化技术以及权重因子手段，两项单目标得以保持了完全相同的量级，更能体现较为平衡的权重关系，此时不会因为各个

单目标函数量级的不同而造成误差, 尽可能地保证了传感器布置性能与传感器分布范围这两项指标在所建立的组合目标中具有一致的灵敏度。

于是, 当第三个适应度函数, 即组合适应度函数越大时, 相应的传感器布置方案就越好。因此, 组合适应度函数的优化问题可以表达为

$$
\begin{aligned}
&\max \quad f_3(\boldsymbol{d}_3) \\
&\text{s.t.} \quad \underline{\boldsymbol{d}} \leq \boldsymbol{d}_3 \leq \overline{\boldsymbol{d}}
\end{aligned}
\tag{6.16}
$$

其中, $\boldsymbol{d}_3$ 是组合适应度函数的设计变量, 即有限元结点位置。

6.4　基于遗传优化与有限元网格离散的传感器布置双层嵌套优化算法

本章基于遗传优化理论以及有限元网格更新技术, 建立了一种传感器布置双层嵌套优化算法, 提供了最为经济的有限元网格离散建议, 同时获得在此网格下的最佳传感器布置方案, 具体步骤如下。

(1) 考虑本章提出的优化算法整体计算效率, 对结构划分初始网格时, 不宜将结构离散为过密的网格, 因此, 在能准确激发结构全部模态的前提下, 结构离散较粗糙的有限元网格模型较为适宜。

(2) 依据遗传优化算法基本原则, 对当前网格尺度下所有有限元结点进行编码, 将其作为设计变量的优化范围, 即初始状态下结构的全部自由度均为候选位置。

(3) 分别建立两个单目标优化函数, 即有效独立法与传感器分布指数, 并分别利用遗传优化算法对其进行寻优, 获得相应的最优适应度函数值, 通过解码分别获得两种优化目标下的最佳传感器布置方案。

(4) 建立基于有效独立法与传感器分布指数的组合适应度函数, 再次利用遗传优化算法对其进行寻优, 通过解码获得组合适应度函数下的最佳传感器布置方案, 以及最优的组合适应度函数值。

(5) 定义如下的组合适应度函数收敛准则:

$$
\left| \frac{(f_3^*)_k - (f_3^*)_{k-1}}{(f_3^*)_{k-1}} \right| < \text{tol}
\tag{6.17}
$$

其中, tol 为容差。当该准则未收敛时, 有限元网格将进行更新, 重新回到第 (2) 步进行第 k 次迭代; 当该准则收敛时, 即可获得最为经济的有限元离散建议以及在该网格下最佳的传感器布置方案。

上述算法的流程图如图 6.5 所示。

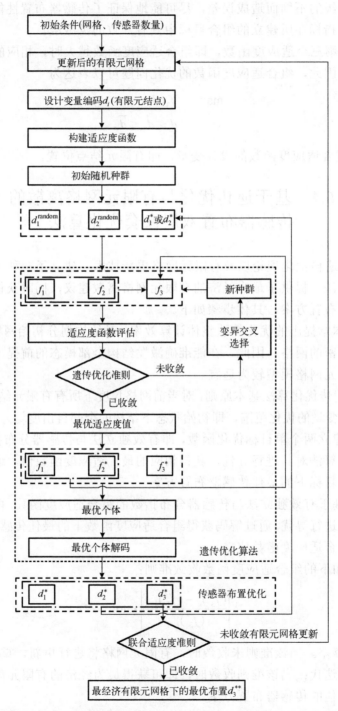

图 6.5 基于遗传优化与有限元网格离散的传感器布置双层嵌套优化算法流程图

6.5　数 值 算 例

本节列举了三个数值算例以说明本章中提出的基于遗传优化与有限元网格离散的传感器布置双层嵌套优化算法的有效性以及准确性。首先，为了更加完整地体现本章提出的传感器分布指数优越性，并对比 NNI 的不足，建立了一个简单的算例进行验证，该算例不考虑动力学特性，仅考虑传感器分布。其次，空间太阳能电站的展开天线模块被离散成完全相同的四边形单元，作为第二个算例进行本章所提方法的验证。最后，可重复运载的机翼模型被离散成并不规则的四边形与三角形混合单元，作为第三个算例进行了验证。

6.5.1　传感器分布指数的验证

首先，需要注意的是，本节算例中只考虑传感器分布范围，并不涉及结构振动信息。方形板的结构形式与 6.3 节中完全一致，即 4 个完全相同的四边形单元中共 9 个有限元结点。为了比较不同传感器布置方案的传感器分布指数性能，将其分成"极差""较差""一般""良好""优异"以及"出色"6 档，如图 6.6 所示。

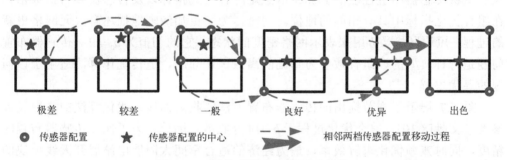

极差	较差	一般	良好	优异	出色

● 传感器配置　　★ 传感器配置的中心　　▶ 相邻两档传感器配置移动过程

图 6.6　6 档传感器分布水平示意图

为了表达 6 档的变化趋势，前 5 档中每相邻档之间服从单变量改动原则，即每次只改变一个传感器位置，而从第 5 档至第 6 档，可以通过人为经验进行判断，具体参见图 6.6 中的箭头所示，以上这些设置都是为了更加科学以及准确地比较传感器布置的分布范围，即尽量更多地依靠客观指标的数据而不是主观人为的经验判断。

利用传感器分布指数指标进行上述六档模型的分析，并与 NNI 指标进行了对比。前两档已在 6.3 节进行了讨论，揭示了 NNI 指标的不足，并较好地体现了传感器分布指数指标的优越性。表 6.1 中给出了六档传感器布置方案利用两种指标进行验证的结果，不难发现，传感器分布指数的单调性要明显好于 NNI。

表 6.1　利用 NNI 与传感器分布指数进行六档传感器布置的结果

	极差	较差	一般	良好	优异	出色
NNI	2.00	2.00	2.20	2.41	2.83	4.00
$\text{NNI}_{k+1}/\text{NNI}_k$	/	1.00	1.10	1.10	1.17	1.41
SDI	0.35	0.43	0.51	0.65	0.71	1.41
$\text{SDI}_{k+1}/\text{SDI}_k$	/	1.23	1.18	1.26	1.09	2.00

此外，表 6.1 也给出了相邻两档之间的比值，传感器分布指数(SDI)的比值要明显高于 NNI，说明传感器分布指数指标在优化算法寻优求解的比较中，更占有优势，更具有较大的优化梯度。所有这些传感器分布指数指标展示出的优势都归因于该指标既考虑了最近的相邻传感器距离，又能同时兼顾所有传感器的分布范围。

6.5.2　空间太阳能电站天线阵模块的传感器布置

利用如 2.4.2 节所示的空间太阳能电站天线板结构进行本章算法的算例验证。在初始设计时，利用前六阶模态进行传感器布置优化问题的计算，并应用 16 个传感器来监测其健康状态。此外，组合适应度函数中的权重因子考虑为 0.5，这意味着默认传感器布置性能的 Fisher 信息矩阵行列式指标以及传感器分布指数指标在组合优化指标中具有相同的地位。同时，为了更加清晰地描述有限元网格更新的过程，短边网格数 b 用来表示网格密度的状态，它的初值为 $b_0 = 2$。传感器布置问题是一种典型的以组合数学为基础的离散优化问题，遗传优化算法适用于该问题的寻优求解。

图 6.7 展示了本节提出的传感器布置方法的收敛曲线，优化算法的参数设置参考了文献[8-10]，整个优化过程于 $b=14$ 处收敛。因此，为了保证传感器布置的精度，同时兼顾优化求解效率，最为经济的适合空间太阳能电站展开天线模块的网格离散精度建议取为 $b=14$，即模型中有 1035 个结点。同时，利用本节提出的传感器布置方法与利用经典的有效独立法获得的传感器布置方案分别示于图 6.8 中。从图 6.8 中不难看出，引入传感器分布指数虽可获得更为分散的密集传感器布置，但仍有一组传感器依然存在密集布置，即便通过改进遗传优化算法的参数设置依然无法得到全部分散的传感器布置，遗传优化算法的全局优化能力仍有待提高，此为本章算法的不足之处。

图 6.9 与图 6.10 分别给出了利用经典有效独立法和本章算法在不同网格时获得的传感器布置方案的 Fisher 信息矩阵行列式值以及传感器分布指数值。曲线在初始位置的重合代表两种传感器布置方法获得的方案一致，这主要是由于初始状态下结构离散的网格较少，可供传感器布置的位置极其有限，冗余信息产生也较

少。随着网格的更新，两条曲线逐渐远离，证明两项指标逐渐参与到了组合适应度函数的优化中。

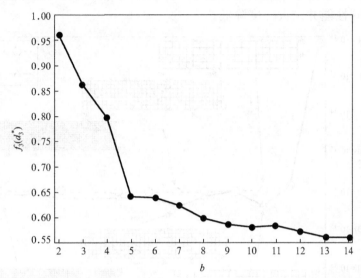

图 6.7　天线展开模块应用传感器布置方法的组合适应度最优值随网格更新的收敛图

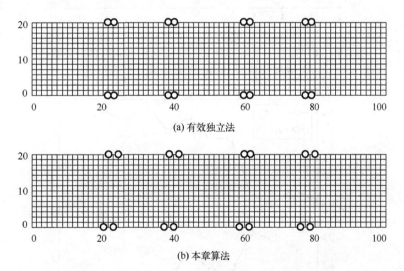

图 6.8　天线展开模块最经济有限元网格下应用两种传感器布置方法获得的方案

此外，图 6.9 中还展示了当 b 为 4、7 与 13 时，利用两种算法获得的三个中间过程的传感器布置方案。不难发现，无论哪种算法，当结构存在较多的有限元结点时，所有传感器都分布在自由端的边缘。随着网格的不断更新，利用经典有效独立法获得的传感器布置方案逐渐彼此靠拢，尽管该方案具备较大的 Fisher 信息矩阵行列式值，但是它不可避免地在采样与测量中会产生冗余信息。本章所提的传感器布置方法可较好地克服这种缺陷，并获得相对分散的传感器布置方案，同时传感器布置性能并未大幅度降低。

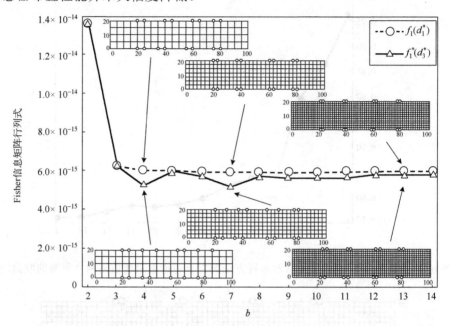

图 6.9　利用经典有效独立法和本章算法在不同网格时获得的
天线展开模块 Fisher 信息矩阵行列式值

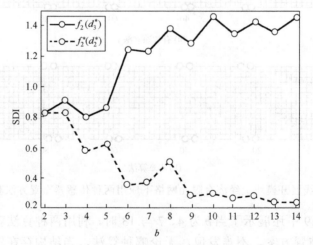

图 6.10　利用经典有效独立法和本章算法在不同网格时获得
的天线展开模块传感器分布指数值

6.5.3 可重复运载器机翼的传感器布置

利用如 2.4.1 节所示的可重复运载器机翼进行算例验证。本节考虑将本章提出的传感器布置方法应用于某可重复运载器的机翼结构，如图 2.3 所示。与上节所述的算例类似，仅对面外自由度进行测量。在初始设计时，利用前六阶模态进行传感器布置优化问题的计算，并应用 10 个传感器来监测其健康状态。此外，组合适应度函数中的权重因子考虑为 0.5，这意味着默认传感器布置性能的 Fisher 信息矩阵行列式指标以及传感器分布指数指标具有相同的地位。同时，为了更加清晰地描述有限元网格更新的过程，机翼后缘的网格数 b 用来表示网格状态，其初值为 $b_0 = 10$。

利用本节提出的传感器布置方法的优化过程收敛曲线图如图 6.11 所示，可见整个过程在 $b = 30$ 时收敛。因此，为了保证传感器布置的精度，同时兼顾优化求解效率，最经济的适合机翼的网格离散精度建议取为 $b = 30$。同时，利用本节提出的传感器布置方法与利用经典的有效独立法获得的传感器布置方案分别如图 6.12 所示。

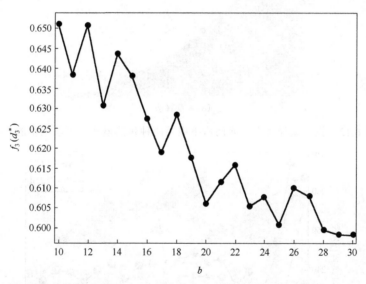

图 6.11 机翼结构应用传感器布置方法的组合适应度最优值随网格更新的收敛图

从图 6.12 中不难发现，利用两种传感器布置方法获得的方案中，传感器大多集中于翼尖、前缘、后缘以及机翼中部。图 6.13 与图 6.14 分别给出了利用经典有效独立法和本章算法在不同网格时获得的传感器布置方案的 Fisher 信息矩阵行列式值以及传感器分布指数值。此外，图 6.13 中还展示了当 b 为 10、20 和 29 时，利用两种算法获得的三个中间过程的传感器布置方案。随着网格的不断更新，利用经典有效独立法获得的传感器布置方案逐渐彼此靠拢，产生传感器布置的冗余信息。然而，本章所提的传感器布置方法可较好地克服这种缺陷，并获得相对分散的传感器布置方案，如图 6.12 中前缘、后缘以及中部位置所示。

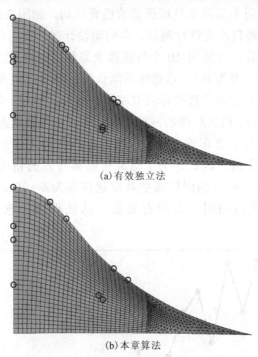

(a) 有效独立法

(b) 本章算法

图 6.12　机翼最经济有限元网格下应用两种传感器布置方法获得的方案

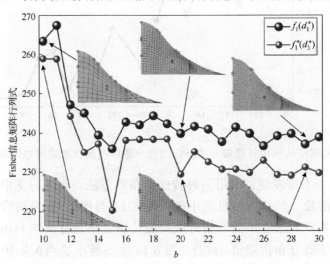

图 6.13　利用有效独立法和本章算法在不同网格时获得的机翼
Fisher 信息矩阵行列式值

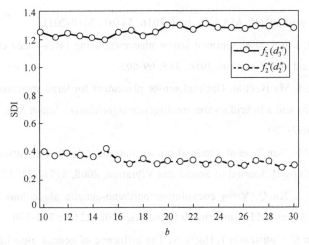

图 6.14　利用经典有效独立法和本章算法在不同网格时获得
的机翼传感器分布指数值

6.6　本章小结

本章为避免加速度传感器布置工作中存在冗余信息所致使的影响，提出了一种基于分布指数与有限元离散的传感器消冗布置方法。定义了一种可同时考虑最近的传感器距离以及整体传感器的分布范围的传感器分布指数(SDI)，基于两种传感器布置的单目标函数——传感器布置性能的 Fisher 信息矩阵行列式以及传感器分布性能(消冗布置)的传感器分布指数，利用归一化技术以及权重因子手段，建立了一种传感器布置性能与分布性能的组合适应度函数，并利用遗传优化算法实现了上述目标的寻优过程。通过三个算例验证了本章所提方法的有效性以及准确性，其中第一个算例详细验证了本章提出的传感器分布指数指标相对于现有的 NNI 指标的优越性，而另两个实际工程算例则给出了最佳的有限元离散建议以及在此网格密度下能够兼顾传感器布置性能和分布性能的最佳方案。

参 考 文 献

[1]　Penny J, Friswell M I, Garvey S D. Automatic choice of measurement locations for modal survey test[J]. AIAA Journal, 1994, 32: 407-414.

[2]　Friswell M I, Castro-Triguero R. Clustering of sensor locations using the effective independence method[J]. AIAA Journal, 2015, 53(5): 1388-1391.

[3]　Li D, Li H, Fritzen C P. Comments on "Clustering of sensor locations using the effective

independence method"[J]. AIAA Journal, 2016, 54(6): 2010-2011.

[4]　Li S, Zhang H, Liu S, et al. Optimal sensor placement using FRFs-based clustering method[J]. Journal of Sound and Vibration, 2016, 385: 69-80.

[5]　Lian J J, He L J, Ma B, et al. Optimal sensor placement for large structures using the nearest neighbour index and a hybrid swarm intelligence algorithm[J]. Smart Materials and Structures, 2013, 22(9): 692-700.

[6]　Liu W, Gao W C, Sun Y, et al. Optimal sensor placement for spatial lattice structure based on genetic algorithms[J]. Journal of Sound and Vibration, 2008, 317(1/2): 175-189.

[7]　Kang F, Li J J, Xu Q. Virus coevolution partheno-genetic algorithms for optimal sensor placement[J]. Advanced Engineering Informatics, 2008, 22(3): 362-370.

[8]　Mihail-Bogdan C, Constantin I, Horia N. The influence of genetic algorithm parameters over the efficiency of the energy consumption estimation in a low-energy building[J]. Energy Procedia, 2016, 85: 99-108.

[9]　Amirjanov A. The Parameters Setting of a Changing Range Genetic Algorithm[M]. Dordrecht: Kluwer Academic Publishers, 2015.

[10]　Tongchim S, Chongstitvatana P. Parallel genetic algorithm with parameter adaptation[J]. Information Processing Letters, 2002, 82(1): 47-54.

第7章 基于二维消冗模型与子聚类调整
策略的传感器布置优化

7.1 引　　言

本章提出了一种同时考虑全局和局部效应的消冗模型,在此基础上建立了一种基于子聚类策略的传感器布置方法,以提高传感器布置的性能并减少布置冗余。基于子聚类策略,消冗模型反映了各子聚类和整个结构区域的传感器布置。所提传感器布置子聚类策略包括三个主要步骤:子聚类模型、子聚类检验算法和最小包围圆算法,从而保证传感器布置的精度。提出的传感器布置算法将有效独立法与归一化和加权因子相结合,利用遗传算法来实现性能和冗余之间的平衡。最后,通过一个简单的算例验证所提消冗模型的有效性,并通过两个工程实例分别证明了所提出的传感器布置方法的有效性。

7.2　基于子聚类消冗模型算法的优化目标

冗余信息实际上是一种非完全的信息,源于在测量过程中收集到重复或近似的响应信息。为了尽可能地消除或减少冗余信息,本章旨在构建一种更有效的能同时考虑传感器的整体和局部布置的消冗模型,并揭示现有消冗模型在传感器布置上的局限性。最后,介绍和定义了一种基于子聚类策略的新型消冗模型,可以同时考虑全局和局部的传感器分布。

7.2.1　传感器布置对消冗模型的要求

在航天、航空、船舶、土木工程领域等超大型空间的结构中,有成千上万的有限元单元、结点和自由度,因而设计传感器最优布置方案极为困难。最著名也是最成熟的方法之一是由 Kammer[1]提出的有效独立法,基于最大化 Fisher 信息矩阵行列式获取动态信息的最优估计。然而,凡事总有另一面,有效独立法的局限性可以归结为:随着传感器数量的增加,存在传感器聚集分布的现象[2,3]。事实上,当同时测量两个相邻的自由度时,重复信息总是存在的,这将直接导致 Fisher 信息矩阵具有较高的空间相关性和相同的行列式值[4]。将多个传感器布置在相近的局部位置是一种资源浪费,因此在该局部区域只布置一个传感器可有效避免这一缺点。

近年来,传感器布置中的拓扑形式引起了人们的广泛关注,尤其是为了减少冗余信息[5]。这种冗余源自传感器的邻近布置,在实际设计中应避免使用。Lian 等[4]已经证明了在一个局部区域中选择几个相邻位置与只选择一个位置的效果极为相似的局限性。因此,基于消冗模型,一些新颖的传感器布置工作在分散过于密集的传感器布置上做出了贡献。其中,Lian 等[4]提出了一个有效的消冗模型,并将 NNI 和 Fisher 信息矩阵结合起来。为了减少传感器布置中的冗余,Vincenzi 等[6]基于信息熵理论分析了结构健康监测和模态测试领域中最优或接近最优传感器布置中的误差和不确定性。采用基于几何信息和模态组合而成的模态-几何目标函数,对具有能够定位区域的梁、壳和实体结构中的传感器进行定位[7]。Yoganathan 等[8]基于子聚类算法、信息丢失法和 Pareto 前沿,在土木结构设计中提出了一种数据驱动的方法来获得最佳测量点。这些算法均实现了最小化冗余信息的传感器布置。通过同时考虑两个邻近位置的信息独立性和距离,何龙军等提出了一种改进的 Fisher 信息矩阵[9]。Lian 等[4]设计了一种基于距离的方法来避免传感器的密集分布。为了分别提高系统的可观察性、模态正交性和模态应变能,张建伟等[10]提出了一种有效独立法-位移组合传感器布置方法,其贡献在于不仅可以提高振型的空间相关性,而且可以消除由于采样太近而引起的信息冗余。An 等[11]考虑了不确定性下的传感器故障和基于振动的损伤检测的传感器聚类,并基于此提出可降低冗余信息的传感器布置值优化方法。Cao 等[12]通过推导欧式距离开发了一种基于距离系数-多目标信息融合算法(D-MOIF)的传感器布置优化方法,结果表明可以有效克服传感器之间的信息冗余。

7.2.2　现有传感器消冗模型的局限性

虽然现有的研究成果已成熟地应用于消除传感器布置的冗余信息,但至今仍存在两个关键问题有待解决。

(1)整体传感器布置。

基于扩大邻近采样点之间距离的思想,现有消冗模型(如 NNI[4])避免了传感器的密集。这些优化方法通过组合其他传感器布置目标来消除冗余,非常简单且有效。然而,值得注意的是,NNI 的局限性在于未考虑到整体传感器布置。例如,在不考虑传感器布置的前提下,不同邻近结点之间的距离保持不变,将产生误差。

(2) 全局和局部传感器分布。

如上所述，通过有效独立法获得的传感器布置具有一些较小的子聚类。但是，现有的消冗模型并未考虑子聚类现象，仅适用于存在密集分布现象的布置中使用。因此，整个传感器分布并不完全分散，解决方案效率也很低。此外，现有的消冗模型并未揭示一个子聚类与另一子聚类之间的关系。该缺点可能在实际传感器布置时导致误差。

7.2.3　基于子聚类策略的新型消冗模型

如上所述，现有的不精确消冗模型可以归因于忽略了全局和局部传感器布置。通过分析了基于子聚类策略的消冗模型的构建动机和需求，本章提出的模型考虑全局和局部分布效应。

如图 7.1 所示，结构健康监测的传感器布置在范围 Γ 中，并测量动态响应。由于经典有效独立法的局限性，随着候选传感器数量的增加，忽略了传感器布置的密集分布[2,3]。为了减少传感器分布中的冗余，应采用子聚类方法。在传感器进行子聚类布置过程中，应考虑基于传感器相邻距离局部分布效应的约束条件。

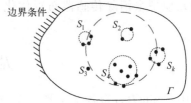

图 7.1　传感器布置的子聚类示意图

$$\textbf{if}\ \ d(s_i, s_j) \leq L$$
$$s_i \in S_k\ \text{and}\ s_j \in S_k \tag{7.1}$$
$$\textbf{endif}$$

其中，s_i 和 s_j 分别代表第 i 个和第 j 个传感器；$d(\cdot)$ 表示两个传感器之间的距离。L 是子聚类的约束条件，在有限元分析中可认为其与单元尺度有关。S_k 是第 k 个子聚类。值得注意的是，式 (7.1) 只能确定相同的子聚类。仅满足此约束时，并无法确定子聚类之间的关系，原因在于可能存在另外的 s_p 满足此约束，详细的子聚类策略将在下一节中介绍。

因此，为了表示各子聚类之间的关系，可以定义一个新的消冗模型 f_{REM}^k：

$$f_{\text{REM}}^k = \frac{r_k \sum_{i=1}^{m_k} \min(d_{ij})}{m_k A_k} \tag{7.2}$$

其中，$\min(d_{ij})$ 为在同一子聚类 S_k 中的每个传感器与其最近的传感器之间的距离；m_k 为子聚类 S_k 中的传感器总数；A_k 为图 7.1 中短虚线所示的最小包围圆面积，r_k 为其半径。

如式(7.2)所示，消冗模型 f_{REM}^k 为无量纲表达式。而当 m_k 等于 2 或 1 时，A_k 或 r_k 不存在。因此，可以将式(7.2)进行简化，重新定义如下：

$$f_{\text{REM}}^k = \begin{cases} \dfrac{\displaystyle\sum_{i=1}^{m_k} \min(d_{ij})}{\pi m_k r_k}, & m_k > 1 \\ 1, & m_k = 1 \end{cases} \tag{7.3}$$

因此，在某些特殊情况下可以重新构成消冗模型 f_{REM}^k。此外，为了验证该优化目标的有效性，在本章后续的第一个算例中进行了更详细的验证。经过以上讨论，局部传感器布置效应定义为子聚类分布。

为了反映全局的传感器布置方案，引入总的子聚类 f_{REM}^0，并再次使用相同的消冗模型来消除传感器布置优化方法中的冗余信息，具体为

$$f_{\text{REM}}^0 = \frac{R\displaystyle\sum_{k=1}^{sc} \min(D_{kl})}{A_0} \tag{7.4}$$

其中，$\min(D_{kl})$ 为各子聚类与距离最近的子聚类圆心的距离；sc 为子聚类数量，R 为子聚类半径；A_0 是结构待布置传感器的总面积。

于是，用于平衡全局和局部传感器布置的最终模型 f_{REM} 构建如下：

$$f_{\text{REM}} = f_{\text{REM}}^0 + \sum_{k=1}^{sc} f_{\text{REM}}^k \tag{7.5}$$

因此，通过基于子聚类策略的 f_{REM}，可使传感器布置方案最优。当该优化目标取值较大时，表示相应的传感器整体布置较好。该优化目标对应的优化问题可以表示为

$$\begin{aligned} &\text{find} && \{s_{\text{REM}}^i\} && 0 \leqslant i \leqslant m \\ &\text{max} && f_{\text{REM}} && \\ &\text{s.t.} && \Gamma_{\text{REM}} \subset \Gamma && \end{aligned} \tag{7.6}$$

其中，s_{REM}^i 为通过 f_{REM} 得到的第 i 个传感器位置；Γ_{REM} 是可能布置传感器的区域。

7.3　基于子聚类策略的传感器布置优化方法

在本节中，为了平衡传感器布置的监测性能和冗余性，建立由有效独立法和消冗模型组合而成的优化目标函数。此外，将消冗模型应用于所提出的传感器布置优化方法中，并通过算法伪代码展示了子聚类策略的详细过程，包括子聚类模

型、检验算法和最小包围圆法。最后，通过提出的传感器布置优化方法的流程图更清楚地展示其设计流程。

7.3.1 传感器布置优化方法组合目标函数

在现有的传感器布置优化方法研究中[4]，通过结合指数、对数、乘积等简单的算术表达式，定义了由多个优化目标组成的组合优化目标。然而，由于各个优化目标之间的阶次差异，这些组合目标在传感器布置优化方法问题中会导致偏差，且无法证明每种组合运算的有效性。为同时反映并平衡传感器布置性能和冗余信息，通过加权因子和归一化的方法构建新的组合函数，如下所示：

$$f_{\text{Comb}} = \alpha \frac{f_{\text{Efl}}}{f_{\text{Efl}}^*} + (1-\alpha) \frac{f_{\text{REM}}}{f_{\text{REM}}^*} \tag{7.7}$$

其中，f_{Efl}^* 和 f_{REM}^* 分别为基于有效独立法和消冗模型优化得到的最佳适应度值；α 是用于平衡传感器布置性能和冗余信息的加权因子。该优化目标函数的值越大，相应的传感器布置越好。因此，优化问题可以写成

$$\begin{aligned} \text{find} \quad & \{s_{\text{Comb}}^i\} \qquad 0 \leqslant i \leqslant m \\ \text{max} \quad & f_{\text{Comb}} \\ \text{s.t.} \quad & \Gamma_{\text{Comb}} \subset \Gamma \end{aligned} \tag{7.8}$$

其中，s_{Comb}^i 为组合目标函数得到的第 i 个传感器位置；Γ_{Comb} 是组合方法中的可行域。

7.3.2 基于子聚类策略和最小包围圆法的求解过程

在 7.2.3 节中，为了消除传感器布置过程中的冗余信息，基于子聚类策略和最小包围圆法构成了消冗模型。本节将更详细地介绍这两个求解过程。

传感器布置的子聚类策略包括子聚类算法及其检验算法。本章提出利用子聚类算法创建子聚类，即传感器集。该算法首先计算每一对邻近传感器的距离，即考虑第 i 个传感器 s_i 时，需要注意其邻近的传感器 s_j。两个传感器之间的距离小于给定范围(即距离约束，通常与有限元单元尺寸有关) L 时，可视为相同的子聚类。对于每个候选传感器，重复前一步骤中的子聚类操作。输入参数包括了所有传感器的坐标以及每组传感器之间的距离约束 L。通过此算法可以获得输出传感器子聚类情况，包括每个子聚类中传感器编号 ID 和数量。具体方法见算法 7.1。

算法 7.1 传感器分布的子聚类算法

输入：

所有已定位传感器的坐标；

确定子聚类的距离约束 L。

输出：

传感器子聚类结果，包括每个子聚类中的传感器 ID 和数量。

1: 　s_1，初始传感器 ID 属于传感器子聚类 ID S_k，即 $s_i \in S_k$

2: 　**while** s_i 在所有传感器中，其中，$i = 1:m$ **do**

3: 　　　**for** s_j 在所有 s_{i-1} 传感器中，其中，$j = 1:i$ **do**

4: 　　　　**if** s_i 已经实现子聚类 **then**

5: 　　　　　**break**

6: 　　　　**elseif** s_i 和 s_j 之间的距离满足长度约束，即 $d_{ij} \le L$ **then**

7: 　　　　　$s_j \in S_k$，并已用子聚类完成标记

8: 　　　　**for** 其他传感器 **do**

9: 　　　　　所有满足距离约束 L 的传感器都属于 S_k

10: 　　　　**endfor**

11: 　　　**endif**

12: 　　**endfor**

13: **if** s_i 不满足长度约束 L 并且未标记 **then**

14: 　$s_i \in S_{k+1}$

15: **endif**

16: **endwhile**

17: **return** S_k 和每个传感器 ID S_k

　　但是，使用算法 7.1 可能会忽略某些特殊情况，导致子聚类过程出错。举例而言，当两组传感器相邻时，可能存在部分传感器同时属于两个组。因此，检查初始子聚类结果是必要的，需要采用子聚类检验算法来验证初始传感器子聚类情况，特别是针对上述特殊相邻情况进行验证。输入包括通过算法 7.1 获得的传感器子聚类的初始布置：每个子聚类中的编号和所包含的传感器 ID。通过该算法可以获得无错误的传感器子聚类情况，并输出最终布置。算法 7.2 给出了详细的说明。

算法 7.2　子聚类检验算法

输入：

传感器子聚类的初始布置：每个子聚类中的子聚类数量和传感器 ID。

输出：

最终传感器子聚类布置没有任何错误。

1:　**while** 检查每个子聚类 S_k **do**

2:　　　　　　**for** 检查每个传感器 s_i 是否处于当前的子聚类 **do**

3:　　　　　　　**if** 这些传感器属于同一个子聚类 S_k **then**

4:　　　　　　　　　**continue**

5:　　　　　　**elseif** S_k 中的 s_i 和 S_q 中的 s_j 之间的距离满足距离约束 L **then**

6:　　　　　　　　$S_k^* = S_k \cup S_q$

7:　　　　　　　**endif**

8:　　　　**endfor**

9:　**endwhile**;

10:　**return** S_k^* 和每个 S_k^* 中的传感器 ID

获得传感器子聚类结果后，可采用最小包围圆法来确定子聚类中传感器的分布范围。本章分别采用了非共线的三点或由两点构成直径理论来确定包围圆，最后选用最小包围圆将传感器包裹在每个子聚类中。输入参数包括传感器子聚类情况及其包含的所有传感器的最终布置，即每个子聚类中的传感器数量和 ID。通过此算法输出子聚类分布范围的半径 r_k 及其中心坐标 (x^k, y^k)。算法 7.3 给出了详细的说明。

算法 7.3　最小包围圆法

输入：

　　对其中一个传感器子聚类 S_k^* 及其所有带坐标的传感器的最终布置。

输出：

　　包裹 S_k^* 中所有传感器的最小包围圆的圆心和半径。

1:　S_k^* 中任意三个或两个传感器的坐标

2:　**if** S_k^* 中的其他传感器也位于这个包围圆内 **then**

3:　　　**break**

4:　**elseif** S_k^* 的传感器中至少有一个不在这个包围圆内 **then**

5:　　　计算出 S_k^* 内其他传感器到该圆心的最长距离

6:　　　计算最小包围圆

7:　**endif**

8:　**return** 半径 r_k 和它的中心点坐标 (x^k, y^k)

7.3.3　基于遗传算法的传感器布置子聚类优化方法流程图

本章基于子聚类策略和最小包围圆的方法,构建了一种消冗模型,利用遗传算法对提出的传感器布置优化方法进行求解。首先,给出子聚类的初始参数,如有限元模型、传感器数量和子聚类的距离约束。基于遗传优化算法的基本思想,对设计变量有限元结点进行编码。另外,根据有效独立法,选择 Fisher 信息矩阵的行列式作为第一个优化目标,并通过遗传优化算法来求解。此外,基于子聚类策略,通过 7.3.2 节中的步骤对传感器分布进行子聚类和检查。为消除传感器布置问题中的冗余,使用最小包围圆法来定义子聚类和整体区域的消冗模型,再用遗传优化算法进行求解,从而获得组合目标函数中的两个最优目标函数值,并将此用于求解最终的最优传感器布置方案的两个归一化基底。通过解码最佳个体获得最佳传感器位置。基于子聚类策略传感器布置优化方法的详细过程如图 7.2 所示。

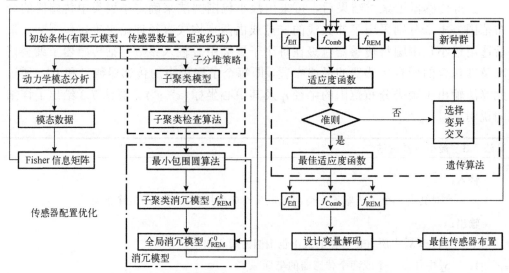

图 7.2　本章所提出的传感器布置优化方法流程图

7.4　工　程　算　例

7.4.1　子聚类消冗模型的有效性验证

为验证 7.2.3 节中提出的子聚类消冗模型的有效性,采用只考虑传感器布置分布而忽略布置性能指标的一组简单实验进行对比验证。表 7.1 中列出在拥有相同的最小包围圆和不同的传感器数量情况下,不同组的传感器分布情况。为直观地理解传感器布置的不同性能,表 7.1 中列举了两个级别,分别标记为差和好。表 7.1 罗列了每种分布的消冗模型值,其趋势也与实际工程经验保持一致。众所周知,在同一区域中布置传感器越多,密度越高,所提出的消冗模型中也存在这种趋势。因此,可视为所提出的子聚类消冗模型能准确地反映传感器布置的密集程度。

表 7.1　在不同的传感器数量和情况下的消冗模型

消冗模型取值		工况	
		差	好
传感器数量	1	/ /	● 1
	2	/ /	◌ 0.6366
	3	◌ 0.3183	◌ 0.5513
	4	◌ 0.2122	◌ 0.4502

7.4.2　空间太阳能电站天线展开模块

利用如 2.4.2 节所示的空间太阳能电站中的天线板结构进行本章算法的算例验证。所有有限元单元离散为边长为 2m 的规则四边形。假设与传感器布置优化方法中有限元尺寸相关的子聚类距离约束满足 $L=2.828m$。如表 2.2 以及图 2.10 所示,得到传感器位置的前六阶模态振型,传感器数量设为 28。

通过求解消冗模型优化问题,得到最佳个体的适应度值 f_{REM}^* 为 32.364。权重因子 α 设为 0.5,即在有效独立法和消冗模型两个指标上均具有相同偏好。采用基于子聚类策略的传感器布置优化方法进行最优布置,其中组合函数的收敛曲线如图 7.3 所示,收敛于 0.857。通过不同策略得到的最终传感器分布如图 7.4 所示,对单独使用有效独立法与第 6 章提出的消冗模型的传感器布置方案进行对比。输出的最优传感器布置对应的组合目标函数值如表 7.2 所示。如图 7.4(a)和图 7.4(b)所示,仅使用有效独立法和第 6 章提出的消冗模型的子聚类数量分别为 8 和 18,且密集分布现象明显,几乎每个子聚类都包含三个或四个传感器,印证了前文所述的有效独立法的固有局限性。如图 7.4(c)所示,本章所提出的新型消冗模型,得到的传感器分布更加分散，不存在任何密集分布。此时，传感器数量等于子聚类数量，即每个子聚类中只有一个传感器。因而，依据上述结论推断可得，采用传感器布置优化方法中所建议的消冗模型可获得最佳的分散传感器布置。

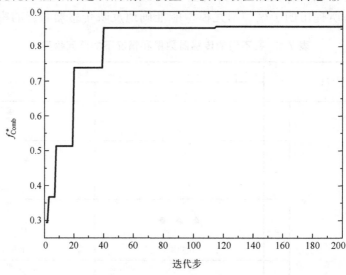

图 7.3　本章方法在空间太阳能电站天线展开模块中的收敛过程

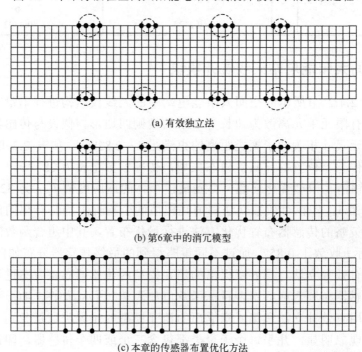

(a) 有效独立法

(b) 第6章中的消冗模型

(c) 本章的传感器布置优化方法

图 7.4　本章方法得到的最优布置方案，并与有效独立法和第 6 章消冗模型的结果进行对比

表 7.2　所提出的传感器布置优化方法的最优解及两个组成部分的值

优化目标	f^*_{Comb}	f_{EfI}/f^*_{EfI}	f_{REM}/f^*_{REM}
取值	0.857	0.785	0.928

本章采用 f_{EfI}、f_{REM}、奇异值比、模态置信准则非对角元素最大值和平均值等五个指标对所提出的组合目标函数进行评估。除了前两个指标源自两个相应的优化目标外，奇异值比、模态置信准则的非对角元素最大值和平均值这三个用于传感器布置指标的具体细节见 4.5.1 节。

表 7.3 中列出了使用这五个指标验证有效独立法和消冗模型的详细比较结果。尽管提出的传感器布置优化方法的 Fisher 信息矩阵性能比仅使用有效独立法略有降低，但对应的消冗模型值明显增加。$f^*_{REM}=32.364$ 非常接近最佳传感器分散布置方案，且对应的消冗模型取值为 30.034，是有效独立法的 7 倍以上。这意味着，本章提出的传感器布置优化方法比仅使用有效独立法得到的布置方案更加分散。此外，通过其他三个指标评估的传感器布置性能也反映了采用所提出的传感器布置优化方法能获得更好的传感器布置。与第 6 章消冗模型相比，通过传感器布置优化方法获得的传感器布置的效果更分散。因此，依据上述结论推断可得，若将28 个传感器布置在这些建议的位置上，其性能将优于传统的有效独立法和消冗模型方法。

表 7.3　三种传感器布置方法在无噪声下天线展开模块的五个传感器布置指标

准则	有效独立法	第 6 章消冗模型	本章方法
$\det(Q)$ $(\times10^{-13})$	1.590	1.498	1.248
消冗模型	4.144	28.681	30.034
奇异值之比 β	1.887	1.876	1.812
模态置信准则的非对角线最大值	0.0117	0.0105	0.0087
模态置信准则的非对角线平均值 $(\times10^{-3})$	2.210	1.961	1.823

为展示所提出方法在考虑噪声时优化传感器布置的有效性，表 7.4 中讨论了在四种不同噪声等级下通过五个指标评估的结果，该结构包括无噪声与 1%、2% 和 5% 测量不确定性。除了消冗模型指数与噪声无关外，对其他四个指标的评估结果均进行了比较。从这些结果可以很容易地发现，无论是否存在噪声，无论噪声等级如何，所提出的传感器布置优化方法仅需稍微降低 $\det(Q)$ 值就可以实现更好的传感器分布性能，并且可以更好地平衡传感器的性能和布置。

表 7.4　在不同噪声水平下，传感器布置优化方法在天线展开模块的 5 个传感器布置指标对比

传感器布置方法		传感器布置指标				
		$\det(Q)$ ($\times 10^{-13}$)	消冗模型 （与噪声无关）	奇异值 之比 β	模态置信准则 的非对角线最 大值	模态置信准则的 非对角线平均值 ($\times 10^{-3}$)
无噪声	有效独立法	1.590	4.144	1.887	0.0117	2.210
	所提出的传感器 布置优化方法	1.248	30.034	1.812	0.0087	1.823
1%噪声	有效独立法	1.600	4.144	1.893	0.0113	2.165
	所提出的传感器 布置优化方法	1.236	30.034	1.816	0.0089	1.773
2%噪声	有效独立法	1.610	4.144	1.898	0.0111	2.125
	所提出的传感器 布置优化方法	1.223	30.034	1.821	0.0092	1.778
5%噪声	有效独立法	1.646	4.144	1.915	0.0113	2.026
	所提出的传感器 布置优化方法	1.188	30.034	1.838	0.0098	1.803

　　初始步骤首先应当决定最优的距离约束 L，理由如下：首先，众所周知，要获取动态信息，传感器必须位于有限元结点的位置，因此，L 一定与单元尺寸有关；其次，L 取值过大可能会改善传感器分布，但与此同时会降低有效独立法中传感器布置的性能，尽管传感器的分布很重要，但应先满足有效独立法的约束指标；此外，如果选择过大的 L 以分散传感器分布，则当前子聚类可能会更加分散，此时某些传感器可能会位于其他子聚类中，这意味着整体传感器布置并不一定会更好，考虑到全局和局部传感器分布的影响，在提出的传感器布置优化方法中 L 不应设置过大；最后，不能忽略传感器数量对 L 取值的影响，更多的传感器，意味着需要更小的 L 值。根据这些特点，在接下来的机翼结构算例中，将选取不规则有限元网格的平均单元长度 L 作为约束条件。

7.4.3　可重复运载器机翼

　　利用如 2.4.1 所示的可重复运载器机翼结构进行算例验证。首先，建立用于有限元分析的机翼结构，其所有的有限元单元均分解为四边形或三角形。本章中假设仅测量由四边形单元构成的结点。根据与传感器布置优化方法中有限元尺寸相关的子聚类距离约束 L，将其作为四边形单元的边长，假设 $L = 0.3\text{m}$。如表 2.1以及图 2.5 所示，输入参数为前六阶的模态振型，传感器数量为 36。

　　通过计算消冗模型优化问题，最佳个体值 f_{REM}^* 为 23.698。加权因子 α 也设置为 0.5，以反映传感器布置性能和分布具有相同的权重。因此，利用所提出的基于子聚类策略的传感器布置优化方法，可以优化传感器的最佳布置。组合函数的

收敛曲线如图 7.5 所示，收敛于 0.561。通过求解组合目标函数，最终传感器布置如图 7.6 所示，此外，有效独立法和第 6 章的消冗模型结果的比较也如图 7.6 所示。用两个数字表示了组合函数各分量的最佳适应度值，这两个分量也列在表 7.5 中。通过加权因子和归一化处理，这些结果表明了所提出的传感器组合布置方法在平衡性能和分布方面的优越性。如图 7.6 (a) 和图 7.6 (b) 所示，有效独立法和第 6 章消冗模型方法的子聚类的数量分别为 6 和 8。其中，单个子聚类中有 5 到 7 个传感器，并且密集分布现象很明显。为了克服有效独立法的这一局限性，可采用本章提出的基于子聚类的消冗模型，结果如图 7.6 (c) 所示，所获得的子聚类有 13 个，远远超过了仅使用有效独立法。前缘和后缘中的传感器分布更加分散，相对于仅使用有效独立法，有 7 个传感器的位置发生了变化。尽管此机翼结构中的传感器分布效果没有之前的空间太阳能电站的天线展开模块更明显，但传感器布置比有效独立法更分散。这种现象可归因于在结构构型不同时，过于分散的布置也可能导致有效独立法性能的严重下降。采用加入传感器布置优化方法的消冗模型，可以获得最佳的分散传感器布置。

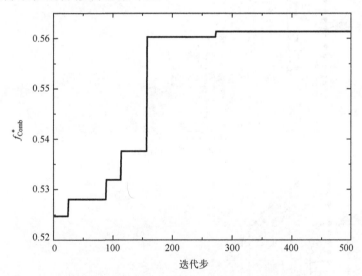

图 7.5　可重复运载器机翼传感器布置优化中遗传优化算法的收敛过程

表 7.5　可重复运载器机翼中所提出方法的最佳优化目标及其两个组成部分

优化目标	f_{Comb}^{*}	f_{Eff}/f_{Eff}^{*}	f_{CAD}/f_{CAD}^{*}
取值	0.561	0.730	0.393

　　通过比较有效独立法和第 6 章消冗模型，表 7.6 中列举了上述 5 个指标传感器布置的评估结果。在图 7.7 中分别展示了采用所提出的传感器布置优化方法和

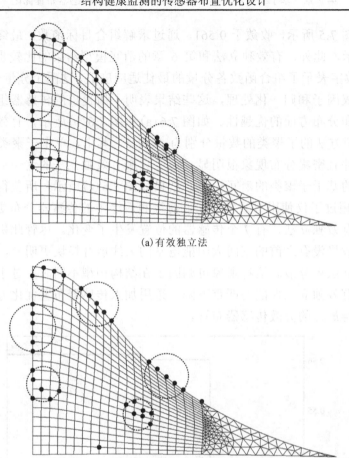

(a) 有效独立法

(b) 第 6 章的消冗模型

(c) 所提出的传感器布置优化方法

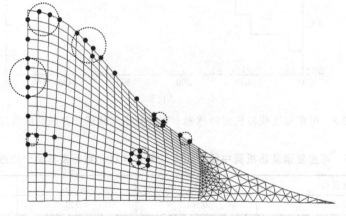

图 7.6　本章方法得到的最优布置方案，并与有效独立法和第 6 章消冗模型的结果进行对比

有效独立法的模态置信准则值。在所提方法中，虽然 Fisher 信息矩阵性能有所降低，但消冗模型值增加，此时消冗模型取值为 9.304，是有效独立法的两倍以上。这意味着采用所提方法比仅使用有效独立法获得的最优传感器分布更加分散。此外，通过其他指标评估的传感器布置性能也反映了采用所提方法能得到更好的传感器布置。通过所提方法获得的传感器布置的效果要比第 6 章消冗模型中现有的消冗模型更分散。因此，可以推断出，如果在这些建议的位置布置 36 个传感器，其性能将优于常规和现有的消冗模型方法。此外，表 7.7 展示了该结构涉及的四个级别的噪声，包括无噪声、1%、2% 和 5% 的测量不确定性。观察可得，采用所提出的传感器布置优化方法可以获得性能和分布之间的更好平衡，只需稍微降低有效独立法的性能，即可实现更好的传感器布置性能。

表 7.6　三种传感器布置方法在无噪声下的可重复运载器中对机翼的五个传感器布置指标

指标	仅有效独立法	第 6 章中消冗模型	本章提出的优化方法
$\det(\boldsymbol{Q})$（$\times 10^5$）	3.998	3.761	2.919
消冗模型	4.417	5.317	9.304
奇异值之比 β	23.782	23.568	21.867
模态置信准则的非对角线最大值	0.7052	0.709	0.7193
模态置信准则的非对角线平均值	0.1200	0.1184	0.1117

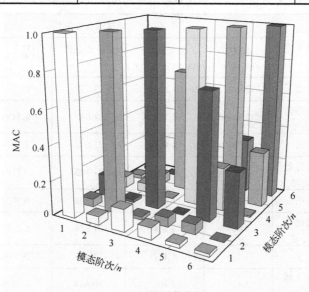

(a) 所提出的方法

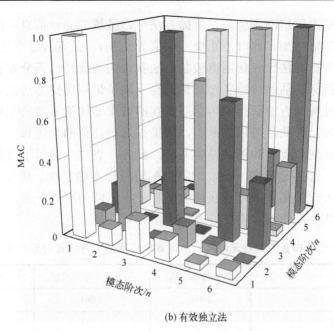

(b) 有效独立法

图 7.7　在可重复运载器中机翼中，所提出的方法与有效独立法进行的模态置信准则值比较

表 7.7　不同噪声水平的有效独立法和传感器布置优化方法在机翼中的五个传感器布置指标

传感器布置方法		传感器布置指标				
		$\det(Q)$ $(\times 10^5)$	消冗模型 (与噪声无关)	奇异值之比 β	模态置信准则的非对角线最大值	模态置信准则的非对角线平均值
无噪声	有效独立法	3.998	4.417	23.782	0.7052	0.1200
	所提出的传感器布置优化方法	2.919	9.304	21.867	0.7193	0.1117
1%噪声	有效独立法	4.064	4.417	23.623	0.7044	0.1200
	所提出的传感器布置优化方法	2.984	9.304	21.723	0.7191	0.1117
2%噪声	有效独立法	4.152	4.417	23.406	0.7036	0.1201
	所提出的传感器布置优化方法	3.066	9.304	21.528	0.7189	0.1117
5%噪声	有效独立法	4.563	4.417	22.460	0.7006	0.1202
	所提出的传感器布置优化方法	3.419	9.304	20.684	0.7176	0.1117

7.5　本　章　小　结

本章提出了一种基于子聚类策略的结构健康监测传感器布置优化方法。为了消除冗余信息，提出的消冗模型考虑了全局和局部传感器分布效应。为了更有效地避免传感器的密集布置，引入了整体和子聚类的传感器分布指标。基于子聚类策略，结合有效独立法和消冗模型提出了传感器布置优化方法。通过一个简单的例子验证了消冗模型的有效性，并通过五个指标评估了在两个工程数值算例中最优传感器布置的分散程度，特别是在空间太阳能电站的天线展开模块中没有任何密集分布，这证明了所提出的传感器布置优化方法的有效性。

参 考 文 献

[1]　Kammer D C. Effect of model error on sensor placement for on-orbit modal identification of large space structures[J]. Journal of Guidance, Control, and Dynamics, 1992, 15(2): 334-341.

[2]　Friswell M, Castrotriguero R. Clustering of sensor locations using the effective independence method[J]. AIAA Journal, 2015, 5: 1-3.

[3]　Li D, Li H, Fritzen C. Comments on "Clustering of sensor locations using the effective independence method"[J]. AIAA Journal, 2016, 6: 1-2.

[4]　Lian J, He L, Ma B, et al. Optimal sensor placement for large structures using the nearest neighbour index and a hybrid swarm intelligence algorithm[J]. Smart Materials and Structures, 2013, 22(9): 095015.

[5]　Li S, Zhang H, Liu S, et al. Optimal sensor placement using FRFs-based clustering method[J]. Journal of Sound and Vibration, 2016, 385: 69-80.

[6]　Vincenzi L, Simonini L. Influence of model errors in optimal sensor placement[J]. Journal of Sound and Vibration, 2017, 389: 119-133.

[7]　Bonisoli E, Delprete C, Rosso C. Proposal of a modal-geometrical-based master nodes selection criterion in modal analysis[J]. Mechanical Systems and Signal Processing, 2009, 23: 606-620.

[8]　Yoganathan D, Kondepudi S, Kalluri B, et al. Optimal sensor placement strategy for office buildings using clustering algorithms[J]. Energy and Buildings, 2018, 158: 1206-1225.

[9]　何龙军, 练继建, 马斌, 等. 基于距离系数-有效独立法的大型空间结构传感器优化布置[J]. 振动与冲击, 2013, 32(16): 13-18.

[10] 张建伟, 刘轩然, 赵瑜, 等. 基于有效独立-总位移法的水工结构振测传感器优化布置[J]. 振动与冲击, 2016, 35(8): 148-153.

[11] An H, Youn B D, Kim H S. Optimal sensor placement considering both sensor faults under uncertainty and sensor clustering for vibration-based damage detection[J]. Structural and Multidisciplinary Optimization, 2022, 65(3): 1-32.

[12] Cao X, Chen J, Xu Q, et al. A distance coefficient-multi objective information fusion algorithm for optimal sensor placement in structural health monitoring[J]. Advances in Structural Engineering, 2021, 24(4): 718-732.

第8章 基于三维消冗模型的空间网格结构传感器布置优化

8.1 引 言

空间网格结构具有合理的重量和应力分布的优势,在工程领域得到了广泛的应用[1-3],选择最佳的传感器布置对其安全评估和结构健康监测是十分必要的[4-7]。由于在结构的所有位置上都布置传感器既不现实也不具备良好的经济效益[8, 9],为了满足空间网格结构对传感器布置优化的迫切要求,本章提出了一种基于有效独立法和三维消冗模型的组合目标函数,以平衡传感器布置最优性能和冗余消除之间的关系。在三维模型中,为消除由传感器密集分布带来的冗余信息和资源浪费,考虑到相邻结点和传感器整体分布应尽可能地分散,建立了三维消冗模型。此外,采用权重因子手段和归一化方法,对两个目标函数进行组合形成一个新的目标函数,并用遗传优化算法求解。最后,以空间对接模块、地面空间网格结构为数值算例,验证了所提出的传感器布置优化方法在空间网格结构中应用的有效性。

8.2 基于三维消冗模型的传感器布置优化目标函数

8.2.1 研究动机

基于有效独立法的空间网格结构传感器布置优化方法忽视了传感器的密集分布,这使得空间网格结构中的冗余信息比其他结构更为严重,因为所有三维自由度上的冗余信息将集中在一个较小的空间区域,极易收集到重复的动态响应。然而,目前没有相关文献涉及对空间网格结构传感器布置优化的冗余信息研究,可以总结为以下两点。

(1)传感器分布。

Lian 等提出的二维 NNI 模型[10]通过测量相邻结点间的距离以避免邻近区域的信息冗余,在设计组合目标函数时可将该目标函数作为其中一个重要而有效的指标。NNI 的不足在于仅考虑了邻近结点和结构区域之比，未考虑所有传感器分布范围和结构区域之比，因而在某些特殊情况下存在一定的局限性。

(2) 三维结构的消冗。

基于平面的冗余信息目标函数[11-14]，虽已成功应用于传感器布置优化以实现冗余信息的消除[15-17]，却不适用于三维空间网格结构，原因解释如下：现有消冗模型只适用于平面结构或空间网格结构中的一个平面，若直接利用该方法求解三维结构将会导致在其他平面和自由度上仍保留冗余信息。因此，为了满足面向空间网格结构的传感器布置优化的迫切要求，本章旨在将二维消冗模型扩展到三维空间，以满足传感器布置在三维空间网格结构中的应用需求。

8.2.2　三维消冗模型

根据前一章节讨论，一旦传感器的数量多于模态阶数，传感器密集分布的现象将无法避免，这将导致信息冗余和资源浪费。因此，基于空间网格结构中最近结点的距离和所有传感器位置的分布范围，本章构造了一个三维消冗模型，以避免空间网格结构中传感器的分布过于密集。

$$f_{3\mathrm{DREM}} = \frac{\mu_x \sum\limits_{i=1}^{m_x} \min[D_{(ij)}^{(x)}]^2}{V} + \frac{\mu_y \sum\limits_{i=1}^{m_y} \min[D_{(ij)}^{(y)}]^2}{V} + \frac{\mu_z \sum\limits_{i=1}^{m_z} \min[D_{(ij)}^{(z)}]^2}{V} \tag{8.1}$$

其中，m_x，m_y 和 m_z 分别代表每个维度的传感器数量，$\min[D_{(ij)}^{(x)}]$，$\min[D_{(ij)}^{(y)}]$ 和 $\min[D_{(ij)}^{(z)}]$ 分别代表传感器及其邻近传感器之间的 x，y，z 方向的三维距离，V 代表空间网格结构的体积。考虑到每个方向传感器位置在对应维度上的分布范围，μ_x、μ_y 和 μ_z 分别代表 Oyz、Oxz 和 Ozx 平面所有传感器相对其中心的平均距离，可用于反映传感器的分布，表达式如下：

$$\mu_x = \frac{1}{m_x} \sum_{i=1}^{m_x} \sqrt{[x_i^{(x)} - x_c^{(x)}]^2 + [y_i^{(x)} - y_c^{(x)}]^2 + [z_i^{(x)} - z_c^{(x)}]^2} \tag{8.2}$$

$$\mu_y = \frac{1}{m_y} \sum_{i=1}^{m_y} \sqrt{[x_i^{(y)} - x_c^{(y)}]^2 + [y_i^{(y)} - y_c^{(y)}]^2 + [z_i^{(y)} - z_c^{(y)}]^2} \tag{8.3}$$

$$\mu_z = \frac{1}{m_z} \sum_{i=1}^{m_z} \sqrt{[x_i^{(z)} - x_c^{(z)}]^2 + [y_i^{(z)} - y_c^{(z)}]^2 + [z_i^{(z)} - z_c^{(z)}]^2} \tag{8.4}$$

其中，$x_i^{(y)}$ 代表 y 方向上第 i 个传感器的 x 坐标，$x_c^{(y)}$ 表示所有 y 方向传感器中心的 x 坐标。其他变量也以同样的方式表示，分子的量纲和方程 (8.1) 分母 V 的维数相同。

因此，该优化目标是一个无量纲指标，f_{3DREM} 数值越大表示在大型空间网格结构中传感器布置存在的冗余信息越少，优化问题可以表示为

$$
\begin{aligned}
&\text{find} &&\{s^i_{3DREM}\} &&0 \leqslant i \leqslant m \\
&\max &&f_{3DREM} \\
&\text{s.t.} &&\Gamma_{3DREM} \subset \Gamma
\end{aligned}
\tag{8.5}
$$

其中，s^i_{3DREM} 为第 i 个采用三维消冗模型得到的传感器位置；Γ_{3DREM} 为在三维消冗模型过程中可布置传感器的区域。所提出的三维消冗模型旨在避免面向空间网格结构的传感器布置优化中的采样相邻，因而需考虑相近结点和所有传感器分布范围，分别用式 (8.1) 的 $\sum\limits_{i=1}^{m}\min[D_{(ij)}]^2$ 和 μ 表示，这两项值越大，传感器布置优化的性能就越好。

8.3　组合目标函数

为了将反映传感器布置性能的有效独立法和三维消冗模型进行结合，可以采用对数、指数和幂函数等运算手段联合为组合优化目标函数，并保持单调性。本章基于归一化技术和权重因子手段构造一种新的组合目标函数，详细表达式如下所示：

$$
\begin{aligned}
f_{Comb} &= \alpha \frac{f_{Efi}}{f^*_{Efi}} + (1-\alpha)\frac{f_{3DREM}}{f^*_{3DREM}} = \alpha\frac{1}{f^*_{Efi}}\det(\boldsymbol{\Phi}^{\mathrm{T}}\boldsymbol{\Phi}) \\
&\quad + (1-\alpha)\frac{1}{f^*_{3DREM}}\cdot\left\{\frac{\mu_x\sum\limits_{i=1}^{m_x}\min[D^{(x)}_{(ij)}]^2}{V} + \frac{\mu_y\sum\limits_{i=1}^{m_y}\min[D^{(y)}_{(ij)}]^2}{V} + \frac{\mu_z\sum\limits_{i=1}^{m_z}\min[D^{(z)}_{(ij)}]^2}{V}\right\}
\end{aligned}
\tag{8.6}
$$

其中，α 为权重因子，能平衡有效独立法和三维消冗模型的传感器布置性能。f^*_{Efi} 和 f^*_{3DREM} 分别为两个独立方法的最优目标值。

组合目标函数值越高代表传感器分布越好。因此，优化问题可以表示为

$$
\begin{aligned}
&\text{find} &&\{s^i_{Comb}\} &&0 \leqslant i \leqslant m \\
&\max &&f_{Comb} \\
&\text{s.t.} &&\Gamma_{Comb} \subset \Gamma
\end{aligned}
\tag{8.7}
$$

其中，s^i_{Comb} 为由组合目标函数得到的第 i 个传感器位置，Γ_{Comb} 为组合目标函数中可布置传感器的区域。

8.4　基于遗传优化算法的空间网格结构传感器布置优化流程

　　众所周知，对于一个非凸的传感器布置优化问题，很难获取关于设计变量的目标函数(如 Fisher 信息矩阵的行列式)的梯度和偏导数。因此，传统的基于梯度信息的优化算法并不适用于解决传感器布置优化问题。相反，遗传优化算法并不需要梯度或偏导数，在求解这类问题上具有优势。因此，本章采用遗传优化算法对所提出的传感器布置优化问题进行求解。

　　首先，建立空间网格结构的有限元模型，获取结构的模态振型、结点坐标、结点距离和结构的体积等数据。根据遗传优化算法的基本原理，对所有有限元结点，即候选传感器布置位置进行编码。同时，基于有效独立法和三维消冗模型分别建立两个目标函数，并利用遗传优化算法求取相应的最优解。遗传优化算法停止的准则为以下三种情况：①种群中的个体不发生改变；②收敛指标达到阈值；③满足特定条件。简单来说，运用遗传优化算法分别得到有效独立法和三维消冗模型的最优解，再利用公式将这两种最优解结合起来，最后用遗传优化算法求解最优传感器布置方案，整个过程如图 8.1 所示。

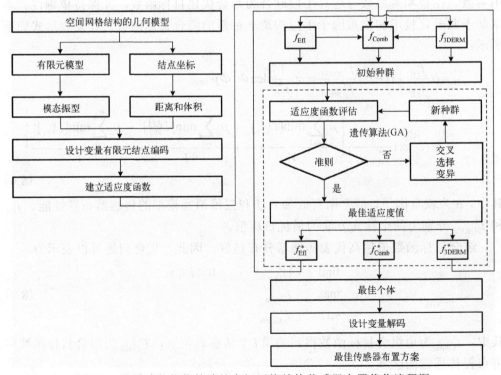

图 8.1　运用遗传优化算法的空间网格结构传感器布置优化流程图

8.5　数值算例

　　为验证所提出的三维消冗模型在空间网格结构中的有效性和可行性，本章列举了三个数值算例。首先，用现有消冗方法和本章提出的三维消冗方法对一组简单的传感器布置优化问题进行分析，然后利用地面空间网格和空间对接模块来验证所提出的传感器布置优化方法。

8.5.1　三维消冗模型的验证

　　为验证三维消冗模型的有效性，该数值算例仅考虑传感器分布范围，不考虑振动特性。该空间结构有 54 个单元和 27 个结点，相邻结点长度为 1 且 $V=8$。为进一步简化，仅在 x 方向上布置 8 个传感器，即 $m_x=8$。为了比较不同的性能，图 8.2 给出了 6 个级别以划分传感器在空间结构上布置方案的优劣，分别为 "极差""较差""一般""良好""优异"和"出色"。在前 5 个级别中，传感器的布置方案设计遵循单一变量原则，前后两级间仅单个传感器的位置有所变化。因此，由于工况间服从单变量因素改变，单调性必然可以保证。

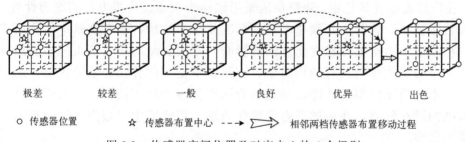

| 极差 | 较差 | 一般 | 良好 | 优异 | 出色 |

○ 传感器位置　　　☆ 传感器布置中心　- - → ⇨ 相邻两档传感器布置移动过程

图 8.2　传感器空间位置及对应中心的 6 个级别

　　现有的消冗模型并不考虑传感器分布的情况。因此，为比较三维消冗模型和传统方法的性能差异，对比既有消冗模型 $\sum_{i=1}^{8}\min[D_{(ij)}^{(x)}]^2$ 和本章提出的三维消冗模型 $\mu_x \sum_{i=1}^{8}\min[D_{(ij)}^{(x)}]^2$，这两项分别列在表 8.1 的第一行和第三行中。观察可知，第三行的三维消冗模型单调性优于第一行既有的消冗方法；既有方法的消冗模型 $\sum_{i=1}^{8}\min[D_{(ij)}^{(x)}]^2$ 不会随着布置从"极差"情况演变为"优异"而发生改变，这与工程经验对密集分布的认知相矛盾。因此现有的消冗指标在该结构中无法合理地反映不同布置中的传感器布置方案的信息冗余程度。为了更直观地对比方法间的差异，表中第二和第四行分别显示了后一级与前一级的比值。这些数据表明，考虑了最近传感器距离和分布范围的三维消冗模型具有更好的性能。

表 8.1　基于传统方法与三维消冗模型的传感器布置性能的六个级别

评价指数	极差	较差	一般	良好	优异	出色
$\sum_{i=1}^{8}\min[D_{(ij)}^{(x)}]^2$	8	8	8	8	8	32
$\dfrac{\left\{\sum_{i=1}^{8}\min[D_{(ij)}^{(x)}]^2\right\}_{k+1}}{\left\{\sum_{i=1}^{8}\min[D_{(ij)}^{(x)}]^2\right\}_{k}}$	/	1	1	1	1	4
$\mu_x\sum_{i=1}^{8}\min[D_{(ij)}^{(x)}]^2$	6.928	7.651	8.898	9.793	10.733	55.426
$\dfrac{\left\{\mu_x\sum_{i=1}^{8}\min[D_{(ij)}^{(x)}]^2\right\}_{k+1}}{\left\{\mu_x\sum_{i=1}^{8}\min[D_{(ij)}^{(x)}]^2\right\}_{k}}$	/	1.104	1.163	1.101	1.096	5.164

在传感器布置优化中，除简单地采用该结构来验证所提方法的准确性外，在开展消冗领域研究前还必须考虑建立标准化参考结构。现有文献中往往研究不同结构，由于结构差异和优化算法的影响，不同文献的实验结果间不能进行对比。本章的数值算例具有结构简单、有效、不受优化算法影响等优势，能直观地分析不同消冗模型的性能，满足成为标准化参考结构的要求。因而其具有作为基准的潜在价值，在传感器布置优化的进一步研究中可被用于比较不同消冗模型的优势。

8.5.2　地面空间网格结构

为了揭示所提传感器布置优化方法的准确性，本节列举了一个实用的工程数值算例，如图 8.3 所示。该地面空间网格结构高6m，长3m，宽2m。坐标定义如下：宽、长和高分别由 x，y，z 轴表示。首先建立了 246 个结点和 586 个梁单元的有限元模型，该结构底部 12 个结点的平动自由度均被约束，基频是 10.9Hz。传感器布置优化中仅考虑前 6 阶模态振型，如图 8.4 所示，布置 40 个传感器，该结构的体积为 29.785m³，式(8.6)中的权重因子为 0.5。

遗传优化算法的参数设置如下：种群规模为 100，代数为 1000，变异函数为高斯函数；选择函数为均匀随机函数，交叉函数为离散函数。遗传优化算法目标函数的收敛曲线如图 8.4 所示。目标函数收敛到 0.776 即可获得所提方法的最终传感器布置方案，如图 8.3 所示。与仅采用有效独立法的结果相比，如图 8.3 所示，五个传感器位置发生改变，为清楚地展示组合函数中两个分量的最佳目标函数值，将其列于表 8.2 中。从这些结果可以看出，组合函数通过运用权重因子和归一化可有效地平衡两个单目标函数。因此，本章所提出的基于有效独立法和三维消冗模型的组合传感器布置优化法既能提高传感器布置性能又能降低信息冗余情况，具有明显的优越性。

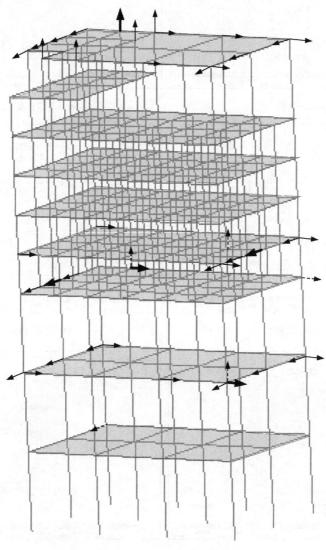

⟶　有效独立法与本章方法相同的35个传感器布置位置
➡　有效独立法布置的5个位置　- -➡ 本章方法布置的5个位置

图 8.3　地面空间网格结构的示意图、有限元模型及传感器布置优化结果

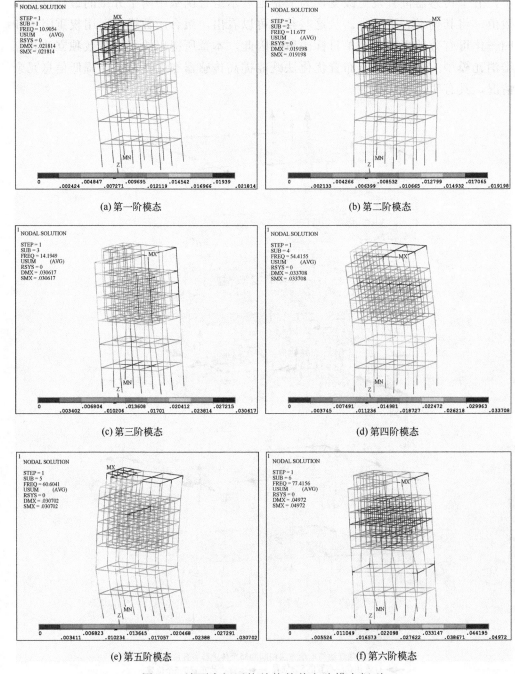

(a) 第一阶模态

(b) 第二阶模态

(c) 第三阶模态

(d) 第四阶模态

(e) 第五阶模态

(f) 第六阶模态

图 8.4　地面空间网格结构的前六阶模态振型

表 8.2　空间网格结构传感器布置优化的最佳目标函数及其两个分量

适应度函数	f^*_{Comb}	f_{Eff}/f^*_{Eff}	f_{3DREM}/f^*_{3DREM}
结果	0.776	0.841	0.711

为验证所提出的传感器布置优化方法的结果,这里依然采用了 4.5.1 节提到的 4 种传感器布置准则以及如下准则来评价传感器布置方案。

除了作为本章的目标函数外,三维消冗模型还可作为一个指标,该值越高,表示传感器布置越好,对应的信息冗余越少。

本节应用五个指标评价所提传感器布置优化方法获取的传感器布置,表 8.3 给出了有效独立法和三维消冗模型法的比较结果。虽然组合目标函数在 det(Q) 和三维消冗模型上性能评价指标劣于单独使用有效独立法或三维消冗模型,但在综合考虑其他指标时,它的性能全面均衡、表现优良。通过与有效独立法相结合,三维消冗模型的性能有了明显的提高。因此,依据上述结果可推理如下:对于这种常见的地面空间网格结构,若所有的 40 个传感器按照所提出的方法进行布置,则它将产生 5 个与有效独立法不同的传感器位置,且具有更高的传感器布置性能和较低的信息冗余性。

表 8.3　评价地面空间网格结构的传感器布置优化方案的五个指标

指标	有效独立法	三维消冗模型	组合方法
det(Q) ($\times 10^{-10}$)	7.436	0.089	6.250
三维消冗模型	1.501	3.080	2.190
条件数 β	4.176	6.358	3.916
模态置信准则矩阵非对角元素最大值	0.132	0.186	0.128
模态置信准则矩阵非对角元素平均值	0.032	0.053	0.026

除了表 8.3 中用于验证传感器布置性能的三维消冗模型外,表 8.4 还列出了另一个更可视化的结果,总结了三维情况下传感器的个数,并与单独使用有效独立法和三维消冗模型进行对比。该统计更好地反映了三维情况下传感器在各维上的分布情况,从而更好地反映了三维情况下的整体振动特性。

表 8.4　地面空间网格结构中由不同传感器布置优化法得到的不同方向传感器计算结果

	m_x	m_y	m_z
有效独立法	20	15	5
三维消冗模型	13	14	13
组合方法	19	14	7

图 8.5 给出了地面空间网格结构中传感器布置优化在不同权重因子时的变化

情况，如式(8.6)所述，基于有效独立法和三维消冗模型间的不同偏好，可以获得不同的传感器布置。当 α 趋于 0 时，三维消冗模型发挥主导作用；当 α 趋于 1 时，有效独立法逐渐占主导作用。通过对有效独立法和三维消冗模型进行归一化处理，可以绘制两条随 α 变化而变化的曲线，如图 8.5 所示。曲线的变化趋势与上述讨论是一致的。

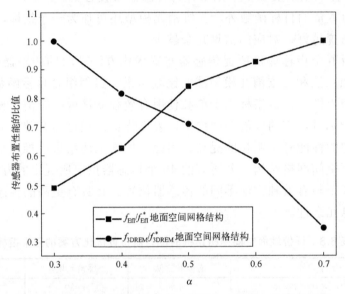

图 8.5　地面空间网格中不同权重因子时的两个目标值性能

　　由于有效独立法和三维消冗模型在不同结构中的灵敏度不同，因此在不同结构中提出一个最优的 α 是不现实的。例如，α 在连续平板、离散桁架和钢架中是不同的。因此，当该方法应用于实际工程中，α 可依据振动信息和冗余信息消除之间的偏好情况进行调整。

8.5.3　空间对接模块

　　如图 8.6 所示，天线由空间对接模块连接的支撑桁架和天线阵组成。在轨运行时，空间对接模块在空间环境中可能会受到各种损伤，包括碎片撞击、装配误差引起的结构异常和材料退化等。为了监测和诊断空间对接模块，必须设计面向结构健康监测的传感器分系统。

　　空间对接模块的初始设计为直径 8m，所占空间体积 665m³。首先建立由 42 个结点和 154 个梁单元组成的有限元模型，如图 8.7 所示。横截面积为 $1.5 \times 10^{-3} \mathrm{m}^2$，材料弹性模量为 210GPa，泊松比为 0.3，质量密度为 $1.5 \times 10^3 \mathrm{kg/m^3}$。该结构基频是 2.1Hz。传感器布置优化问题只考虑前 6 阶模态，布置 30 个传感，式(8.6)的权重因子为 0.5。

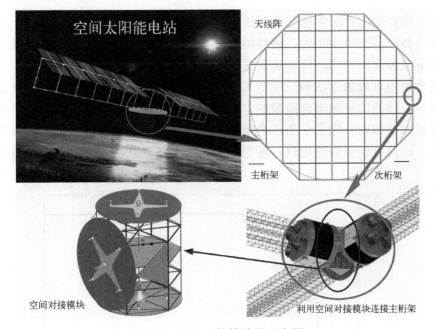

图 8.6　空间对接模块的方案图

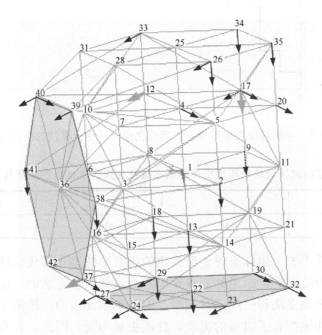

──▶ 有效独立法与本方法共同布置的27个传感器

──▶ 有效独立法的3个传感器　　------▶ 本方法的3个传感器

图 8.7　空间对接模块的有限元模型、结点数及传感器布置优化结果

　　利用遗传优化算法实现空间对接模块传感器布置的收敛曲线如图 8.8 所示。当目标函数收敛到 0.867 时，最终的传感器布置如图 8.7 所示。与在相同结构中仅使用有效独立法相比，该方法改变了三个传感器的位置，如图 8.7 所示。此外，为清楚地说明有效独立法和三维消冗模型在组合函数中的意义，表 8.5 分别列出了单目标函数的比值和组合函数的值。从这些结果可以看出，组合目标函数可以通过权重因子和归一化来平衡两个单目标函数。因此，本章提出的组合传感器布置优化方法具有较强的通用性，能更好地反映有效独立法和三维消冗模型提供的信息。

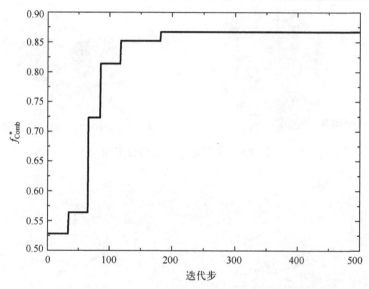

图 8.8　空间对接模块传感器布置优化中遗传优化算法的收敛过程

表 8.5　空间对接模块中所提出传感器布置优化法的最佳目标值及其两个分量

适应度函数	f^*_{Comb}	f_{EfI} / f^*_{EfI}	f_{3DREM} / f^*_{3DREM}
结果	0.867	0.928	0.806

　　利用前文所述 5 个指标来评价所提出的组合传感器布置优化法、有效独立法和三维消冗模型的性能，结果如表 8.6 所示，虽然组合方法的三维消冗模型不如单独使用的有效独立法和三维消冗模型，但与单独使用的三维消冗模型相比，这些指标的整体性能都有了明显的提高，性能更加均衡。因此，若在这种空间对接模块结构中，所有 30 个传感器均按所提方法进行布置，则仅有 3 个位置相对有效独立法发生改变，且能获取更好的性能和效果。

表 8.6　空间对接模块的 5 种传感器布置优化标准

准则	有效独立法	三维消冗模型	组合方法
det(Q)（×10^{-5}）	4.864	0.043	4.515
三维消冗模型	1.027	1.667	1.343
条件数 β	2.100	4.725	2.095
模态置信准则矩阵非对角元素最大值	0.061	0.088	0.048
模态置信准则矩阵非对角元素平均值	0.013	0.029	0.009

　　表 8.7 总结了三维情况下传感器的个数，并分别与单独使用有效独立法和三维消冗模型进行对比。与在三维模型中单独使用有效独立法相比，该方法的传感器分布在各维度下更加均匀，更好地反映了整体振动特性。

表 8.7　空间对接模块中由不同传感器布置优化法得到的不同方向传感器结果

	m_x	m_y	m_z
有效独立法	8	11	11
三维消冗模型	10	10	10
组合方法	9	10	11

　　图 8.9 给出了空间对接模块中传感器布置优化在不同权重因子的变化情况，与图 8.5 中所示的地面空间网格结果类似，基于有效独立法和三维消冗模型间的不同偏好，可以获得不同的传感器布置性能值。该性能值在不同权重因子的曲线变化趋势与上述地面空间网格的讨论是一致的。

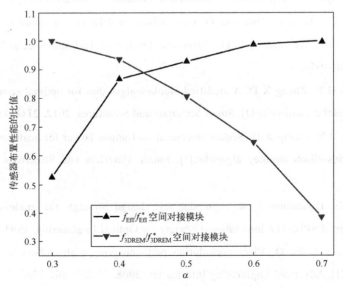

图 8.9　空间对接模块中不同权重因子时的两个目标值性能

8.6　本　章　小　结

　　为避免资源浪费并消除密集传感器布置带来的信息冗余，本章提出了一种基于三维消冗模型的传感器布置方法。该三维消冗模型既考虑了结点的距离，又考虑了三维情况下传感器的整体分布。借助权重因子技术和归一化手段构造了一种由有效独立法和提出的三维消冗模型组成的组合目标函数，并运用遗传优化算法来求解该问题。最后，本章给出了三个数值算例证明该方法的有效性。第一个数值算例由一个简单的网格结构组成，目的是在不受优化方法的影响下验证三维消冗模型的准确性。本章还给出了两种实际工程方案，对所提出的组合函数的性能进行了评价和比较。两个数值算例的结果都表明，该方法比有效独立法具有更小的冗余度，与传统的消冗方法相比，本章提出的组合函数更适用于大型空间网格结构。

参 考 文 献

[1]　Kammer D C. Sensor placement for on-orbit modal identification and correlation of large space structures[J]. Journal of Guidance, Control, and Dynamics, 1991,14(2): 251-259.

[2]　Liu W, Gao W C, Sun Y, et al. Optimal sensor placement for spatial lattice structure based on genetic algorithms[J]. Journal of Sound and Vibration, 2008, 317(1/2): 175-189.

[3]　Marano G C, Monti G, Quaranta G. Comparison of different optimum criteria for sensor placement in lattice towers[J]. The Structural Design of Tall and Special Buildings, 2011, 20(8): 1048-1056.

[4]　Yi T H, Li H N, Zhang X D. A modified monkey algorithm for optimal sensor placement in structural health monitoring[J]. Smart Materials and Structures, 2012, 21(10): 105033.

[5]　Yi T H, Li H N, Zhang X D. Sensor placement on Canton Tower for health monitoring using asynchronous-climb monkey algorithm[J]. Smart Materials and Structures, 2012, 21(12): 125023.

[6]　Carne T G, Dohrmann C R. A modal test design strategy for model correlation[C]// Proceedings of SPIE-The International Society for Optical Engineering, 1994, 2460: 927.

[7]　Kang F, Li J J, Xu Q. Virus coevolution partheno-genetic algorithms for optimal sensor placement[J]. Advanced Engineering Informatics, 2008, 22 (3): 362-370.

[8]　Ostachowicz W, Soman R, Malinowski P. Optimization of sensor placement for structural health monitoring: A review[J]. Structural Health Monitoring, 2019, 18(3): 963-988.

[9]　Tan Y, Zhang L. Computational methodologies for optimal sensor placement in structural health monitoring: A review[J]. Structural Health Monitoring, 2020, 19(4): 1287-1308.

[10]　Lian J, He L, Ma B, et al. Optimal sensor placement for large structures using the nearest neighbour index and a hybrid swarm intelligence algorithm[J]. Smart Materials and Structures 2013, 22: 095015.

[11]　何龙军, 练继建, 马斌, 等. 基于距离系数-有效独立法的大型空间结构传感器优化布置[J]. 振动与冲击, 2013, 32(16): 13-18.

[12]　Vincenzi L, Simonini L. Influence of model errors in optimal sensor placement[J]. Journal of Sound and Vibration, 2017, 389: 119-133.

[13]　Bonisoli E, Delprete C, Rosso C. Proposal of a modal-geometrical-based master nodes selection criterion in modal analysis[J]. Mechanical Systems and Signal Processing, 2009, 23: 606-620.

[14]　Yoganathan D, Kondepudi S, Kalluri B, et al. Optimal sensor placement strategy for office buildings using clustering algorithms[J]. Energy and Buildings, 2018, 158: 1206-1225.

[15]　张建伟, 刘轩然, 赵瑜, 等. 基于有效独立-总位移法的水工结构振测传感器优化布置[J]. 振动与冲击, 2016, 35(8): 148-153.

[16]　An H, Youn B D, Kim H S. Optimal sensor placement considering both sensor faults under uncertainty and sensor clustering for vibration-based damage detection[J]. Structural and Multidisciplinary Optimization, 2022, 65(3): 1-32.

[17]　Cao X, Chen J, Xu Q, et al. A distance coefficient-multi objective information fusion algorithm for optimal sensor placement in structural health monitoring[J]. Advances in Structural Engineering, 2021, 24(4): 718-732.

第三篇 传感器布置的多目标优化

第9章 基于多种传感器布置的自适应多目标优化方法

9.1 引　　言

为确定最佳传感器布置，仅考虑单一指标用于优化传感器布置方案是远远不够的[1, 2]。目前，基于多目标优化算法的多类型、多源监测数据传感器布置优化方法的提出，极大地满足了工程设计人员对各种传感器布置性能的需求[3-5]。然而，随着关注的传感器布置性能日益增多，若同时使用多种不同的传感器布置方法，求解对应的多目标优化问题将会产生较高计算成本。常见的方法是引入权重因子将多目标优化转换为单目标优化，这种方法虽较为便捷，却因存在人为主观设置权重因子的不足，易对单个方法在组合优化中的占比产生干扰。为了克服这些不足并解决传感器布置的多目标优化问题，本章提出了一种基于迭代更新的结构健康监测传感器布置多目标优化方法。首先，将六种传感器布置方法的筛选格式转化为优化格式，以方便后续进行优化设计。为避免不同目标的数值阶次差异带来的影响，构造了一种基于权重因子技术和归一化手段的组合目标函数，并将多目标优化转化为单目标优化问题。此外，建立一种基于迭代的权重因子自适应更新算法，最大限度地减小了直接决定权重因子带来的主观影响。在此过程中详细描述了权重因子的更新过程，使该算法能够实现高精度优化和快速收敛。最后，通过三个工程数值算例验证该方法在多种传感器布置准则下的有效性和可行性，包括传感器分布指数和相同位置比等准则。

9.2　几种常用的传感器布置优化方法介绍

本章将简要介绍六种常用的传感器布置优化方法，具体如下。

9.2.1　有效独立法

有效独立法已在 2.3 节中详细介绍，这里不再赘述。

9.2.2　驱动点残差方法

Chung 和 Moore[6]为决定传感器最佳布置位置提出了驱动点残差方法（driving-point residue method，DPR），具体计算如下：

$$DPR = \boldsymbol{\Phi} \otimes \boldsymbol{\Phi}\boldsymbol{\Omega}^{-1} \tag{9.1}$$

其中，$\boldsymbol{\Omega}$ 为特征圆频率的对角矩阵，$\otimes$ 为矩阵的逐项乘法运算。驱动点残差方法可归类为一种基于能量的优化方法，传感器将布置在驱动点残差值较大的对应自由度位置。

9.2.3　平均驱动点残差方法

为了减小零运动点的影响，基于驱动点残差方法，Chung 和 Moore[6]提出了平均驱动点残差方法（average driving-point residue method，ADPR），表示如下：

$$ADPR_i = \frac{1}{N}\sum_{j=1}^{N}DPR_{ij} \tag{9.2}$$

其中，$ADPR_i$ 为第 i 个自由度的贡献值，DPR_{ij} 为第 j 阶模态的第 i 个自由度，该方法将布置传感器在平均驱动点残差值较大的自由度位置。

9.2.4　有效独立-驱动点残差方法

有效独立法最大限度地提高了传感器布置的线性独立性，并得到了工程界的广泛认可。但是，利用有效独立法选择的某些传感器位置可能具有较低的能量，这将导致难以在低信噪比的情况下进行传感器布置优化设计。为了克服这个缺点，Imamovic[7]提出了有效独立-驱动点残差方法（effective independence-driving-point residue method，EfI-DPR），其中，有效独立法用相应的驱动点残差方法进行加权，如下所示：

$$\boldsymbol{E}_{D\_DPR} = \boldsymbol{E}_D \otimes DPR \tag{9.3}$$

因此，有效独立-驱动点残差方法平衡了线性独立性和能量。

9.2.5　特征向量积方法

特征向量积（eigenvector product method，EVP）是另一种基于能量的传感器布置优化方法[8,9]，表达式为

$$EVP_i = \prod_{j=1}^{N}\left|\boldsymbol{\Phi}_{ij}\right| \tag{9.4}$$

该方法将传感器布置在最大特征向量积较大值的位置，以确保传感器可以捕捉到结构动力学系统的最大振动能量。

9.2.6　模态振型求和方法

传感器布置优化的模态振型求和方法(mode shape summation plot method，MSSP)[10]类似于特征向量积方法，也是一种基于能量的传感器布置优化方法。在初始情况下，通过删除低能量的位置来选择传感器，表达式如下所示：

$$\text{MSSP}_i = \sum_{j=1}^{N} \left| \boldsymbol{\Phi}_{ij} \right| \tag{9.5}$$

因此，本章中汇总了常用的 6 种传感器布置优化方法。这 6 种单目标优化方法主要可分为三类：线性独立性、能量和平均能量。有效独立法旨在最大化线性独立性。为提高信噪比，驱动点残差方法、特征向量积方法和模态振型求和方法倾向于选择相对能量更大的传感器布置方案。平均驱动点残差方法可以获取平均能量来克服局部能量过大或过小的影响。结合有效独立法和驱动点残差方法的优点，得到的有效独立-驱动点残差方法，可平衡线性独立性和能量。

9.3　结构健康监测的自适应传感器布置优化方法

处理实际工程中的传感器布置优化问题时，会根据其特点选择多种方法和算法，如 9.2 节中回顾的具有代表性的 6 种方法。但是，单目标优化并不能反映所有传感器布置优化方法的优势。因此，可选择多目标优化求解该类问题。为方便地实现优化过程，本章提出一种组合多目标优化函数，将每个单目标经过转换后的等价优化格式进行组合，而非使用之前 9.2 节中提到的基于传感器布置方法的筛选格式。此外，考虑所有优化目标之间的量级差异，利用权重因子和归一化手段将多目标优化转换为单目标优化。为避免人为主观定义权重因子的不足，提出基于迭代的自适应传感器布置优化方法，并用遗传算法求解。所提出的自适应更新权重因子可实现高精度且快速收敛的传感器布置优化。最后，使用流程图详细介绍了提出的传感器布置优化方法。

9.3.1　单目标传感器位置筛选的等效优化格式

在 9.2 节中提到的传感器布置优化方法通常采用筛选或迭代格式，不适用于将其移植到如遗传算法和粒子群算法的优化过程中。因此，如表 9.1 所示，根据每个目标的特性，将其转化为相应的等效优化格式。有些目标采用行列式运算求解，而另一些目标则转换为相应的矩阵计算格式，可以依据值的阶次选择求积或求和的运算方法。例如，特征向量积方法和模态振型求和方法分别是乘积和求和的经典传感器布置优化方法。因此，它们的优化格式可分别设置为求和及求积操作，以最大程度保持所有等效格式具有近似相同的数量级。这样做是为了确保不同传感器布置优化方法之间的数量级差异较小，尽可能减少后续组合过程中的数值偏差。

表 9.1　传感器布置方法的筛选格式及其等效优化格式

	有效独立法	驱动点残差方法	平均驱动点残差方法
定义	$E_D = \Phi(\Phi^T\Phi)^{-1}\Phi^T$	$DPR = \Phi \otimes \Phi\Omega^{-1}$	$ADPR_i = \dfrac{1}{N}\sum\limits_{j=1}^{N} DPR_{ij}$
筛选过程	消除最小的 E_D 对应自由度	选取较大自由度	选取较大自由度
优化格式	$f_1 = \det(Q)$	$f_2 = \prod\limits_{i=1}^{m}\left[\max\limits_{j=1}^{m}\left\lvert DPR_{ij}\right\rvert\right]$	$f_3 = \prod\limits_{i=1}^{m}\left\lvert ADPR_i\right\rvert$
	有效独立法-驱动点残差方法	特征向量积方法	模态振型求和方法
定义	$E_{D\_DPR} = E_D \otimes DPR$	$EVP_i = \prod\limits_{j=1}^{N}\left\lvert\Phi_{ij}\right\rvert$	$MSSP_i = \sum\limits_{j=1}^{N}\left\lvert\Phi_{ij}\right\rvert$
筛选过程	消除最小的 E_{D_DPR} 对应自由度	选取较大自由度	选取较大自由度
优化格式	$f_4 = \det(Q \otimes DPR)$	$f_5 = \sum\limits_{i=1}^{m} EVP_i$	$f_6 = \prod\limits_{i=1}^{m} MSSP_i$

9.3.2　基于权重因子和归一化的多目标优化转换方法

在上述优化方法中，多个传感器布置优化目标可使用简单的运算进行组合，如指数、对数和乘积等[11-15]。然而，传感器布置优化中的这些组合操作可能会因为单个目标之间的数量级差异产生数值精度误差，这将会对组合适应度函数中每个目标的性能产生不利影响。

传感器布置优化目标的筛选格式(如比较和迭代格式)不能直接应用到此算法中，需要进行转换，因此本章提出的方法只关注每个传感器布置优化目标的优化格式。通过调整分子和分母，最大程度降低不同方法之间的协调性难题。因此，为更准确地发挥和平衡所有方法的传感器布置性能，引入权重因子技术和归一化手段，将多目标优化转换为单目标优化的组合函数，如下所示：

$$F = \sum_{k=1}^{p} \alpha_k \frac{f_k}{f_k^*} \tag{9.6}$$

其中，f_k $(k=1,2,\cdots,p)$ 表示优化格式中的所有传感器布置优化方法，$p=6$ 表示本章中传感器布置优化方法的数量，并且 f_k^* 是相应传感器布置优化方法的最佳适用度值。α_k 是权衡相应传感器布置优化方法的权重因子，应满足

$$\sum_{k=1}^{p} \alpha_k = 1 \tag{9.7}$$

当该组合目标 F 越大时，对应的传感器布置越好。因此，优化问题可以表示为

$$
\begin{aligned}
\text{find} \quad & \{s_i\} \quad\quad 1 \leqslant i \leqslant m \\
\max \quad & F = \sum_{k=1}^{p} \alpha_k \frac{f_k}{f_k^*} \\
\text{s.t.} \quad & \sum_{k=1}^{p} \alpha_k = 1 \\
& \Gamma_{\text{sensor}} \subset \Gamma
\end{aligned} \tag{9.8}
$$

其中，s_i 是通过组合目标优化获得的第 i 个传感器位置，Γ_{sensor} 是允许布置传感器的区域，并且 Γ 是结构动力学的分析区域。允许布置传感器的区域可定义为：由于有效空间或应用条件的限制，尽管某些位置参与到了结构动力学分析，但并不允许布置传感器。例如，在安装燃油箱或导弹的情况下，机翼中的某些特殊位置不能布置传感器。此外，部分位置传感器性能会受到导弹发射期间火焰引起的高温干扰。

因此，经过式(9.8)的优化后，通过组合方法可以得到最优传感器位置。然而，各目标的权重因子尚未确定。因此，下一节将使用迭代格式来确定最佳权重因子。

9.3.3　基于权重因子更新的迭代优化

在以往的研究中，权重因子直接由目标的数量决定。例如，如果有 p 个适应度函数，则假定所有权重因子为 $1/p$，即认为每个优化目标占据相同的权重。人为主观因素来确定权重因子可能会对组合函数中每个目标的固有性能产生不利影响。例如，同一传感器布置优化目标在不同的结构中具有不同的适应性，一旦组合目标函数中采用相同的权重因子会产生偏颇。因此，为克服上述不足，本章提出了一种基于迭代自适应更新权重因子的传感器布置优化方法。该方法旨在提出一种能随每次迭代优化更新权重因子的方法，即自动确定最佳权重因子，自适应地在组合目标中选择最优传感器布置，从而最大限度地避免了人为主观因素对权重因子进行决策带来的误判。

在第 t 步迭代中组合优化 $F^{(t)}$ 表示如下：

$$F^{(t)} = \sum_{k=1}^{p} \alpha_k^{(t)} \frac{f_k}{f_k^*} \tag{9.9}$$

其中，$\alpha_k^{(t)}$ 为第 t 步的第 k 个单目标优化的权重因子。同样，所有的传感器布置优化方法在第 t 步迭代时，更新后的权重因子应满足如下要求：

$$\sum_{k=1}^{p} \alpha_k^{(t)} = 1 \tag{9.10}$$

当组合目标 $F^{(t)}$ 在第 t 步迭代中取较大值时，对应的传感器布置方案最优。因此，第 t 步迭代的优化问题可以表示为

$$
\begin{aligned}
\text{find} \qquad & \{s_i^{(t)}\} \qquad\quad 1 \leqslant i \leqslant m \\
\text{max} \qquad & F^{(t)} = \sum_{k=1}^{p} \alpha_k^{(t)} \frac{f_k}{f_k^*} \\
\text{s.t.} \qquad & \sum_{k=1}^{p} \alpha_k^{(t)} = 1 \\
& \Gamma_{\text{sensor}}^{(t)} \subset \Gamma
\end{aligned}
\tag{9.11}
$$

其中，$s_i^{(t)}$ 为第 t 步中组合优化目标得到的第 i 个传感器位置，$\Gamma_{\text{sensor}}^{(t)}$ 为第 t 步中允许布置传感器的区域。

此时，传感器布置优化方法进行迭代，直至同时满足组合适应度值的容差 tol_F 和权重因子 tol_α 约束，即

$$\left| \frac{F^{(t)} - F^{(t-1)}}{F^{(t)}} \right| < \text{tol}_F \tag{9.12}$$

和

$$\frac{\left\| \boldsymbol{\alpha}^{(t)} - \boldsymbol{\alpha}^{t-1} \right\|}{\left\| \boldsymbol{\alpha}^{t} \right\|} < \text{tol}_\alpha \tag{9.13}$$

其中，$\boldsymbol{\alpha}^{(t)}$ 是由第 t 个迭代步骤中的所有 $\alpha_k^{(t)}$ 元素组成的向量，用 $\|\cdot\|$ 表示范数。因此，在获得最佳自适应权重因子的同时，可获得传感器最佳布置方案。

9.3.4　权重因子更新过程

每次迭代通过更新权重因子以避免重复的遗传算法过程，直至得到最终的传感器布置。在第一次迭代中，将传感器布置优化方法的数量的倒数 $1/p$ 视为权重因子 $\alpha_k^{(1)}$，以代表平均效果。从第二次迭代开始，权重因子 $\alpha_k^{(t)}$ 定义为最后一次迭

代的函数 $\alpha_k^{(t-1)}$，以及最后一次迭代的最佳适应度值 $[f_k^{(t)}]^*$ 与最佳适应度值 f_k^* 之比，如下所示：

$$\alpha_k^{(t)} = \begin{cases} 1/p, & t=1 \\ \dfrac{[f_k^{(t)}]^*/f_k^* + \alpha_k^{(t-1)}}{2}, & t=2,3,\cdots; \; k=1,2,\cdots,p \end{cases} \tag{9.14}$$

这里，$\alpha_k^{(t)}$ 不是 $[f_k^{(t)}]^*/f_k^*$ 的原因可以解释如下：若 $\alpha_k^{(t)}$ 取值为 $[f_k^{(t)}]^*/f_k^*$，将快速地自动更新每种传感器布置优化方法的权重，易错过全局最优值。例如，考虑在六种传感器布置优化方法的情况时，即 $p=6$。首次迭代，$\boldsymbol{\alpha}^{(1)}=[\alpha_k^{(1)}]$ 取值为 $[1/6,1/6,1/6,1/6,1/6,1/6]$。第二次迭代，$\{[f^{(1)}]^*/f^*\}_k$ 取值为 $[0,1/2,0,0,0,1/2]$，即第一、第三、第四和第五种传感器布置优化方法对第二次迭代没有贡献。若最优传感器布置方案存在于第一、第三、第四或第五种优化方法中，则可能会错过最优解。但是，若 $\alpha_k^{(t)}$ 定义如式 (9.14) 所示，则 $[\alpha_k^{(2)}]$ 取值为 $[1/12,1/3,1/12,1/12,1/12,1/3]$。此时，即使所有六个传感器布置优化方法的权重因子不同，但其均参与第二次迭代，所定义的权重因子可最大限度地保留全局适应度值。

9.3.5 多目标传感器布置优化流程

首先，采用各种传感器布置优化方法分别求取最佳适应度值 f_k^*。另外，还应提供初始条件，如有限元模型中的模态信息和传感器的数量。结合如 9.3.1 节所述的适应度函数构造方法，采用等价优化格式进行优化，并如 9.3.2 节所述，进行权重因子和归一化处理，将多目标转化为单目标。迭代格式如 9.3.4 节所述，可确定此传感器布置优化方法中的自适应权重因子。如式 (9.12) 和式 (9.13) 所示，当同时满足组合目标函数和更新权重因子的收敛条件时，传感器布置优化过程即停止，可获得具有最佳自适应权重因子的最终传感器布置。通过高度自适应的组合，可自动确定所有传感器布置优化方法的贡献，而无须人为主观设置。因此，此传感器布置优化方法适用于不同的结构。基于此，所提出的传感器布置优化方法详细流程如算法 9.1 所示。

算法 9.1　传感器布置优化方法

输入：
　　用于待布置传感器的所有候选位置的模态信息；
　　传感器数量 m。

输出：
　　基于所有传感器布置优化方法的组合 $\alpha_k^{(t)}$ 的最优传感器位置 $s_i^{(t)}$。

1：　优化单目标适应度函数，获得单目标最佳性能 f_k^*

```
2:    While  k = 1:p  do
3:        for  t = 1  do
4:            式(9.14)确定 α_k^{(t)}
5:            使用遗传优化算法求解
6:            使用式(9.14)计算 α_k^{(t+1)}
7:            if  F^{(t)} 和 α_k^{(t)} 分别满足式(9.12)和式(9.13) then
8:                break
9:            else
10:               t = t + 1
11:           endif
12:       endfor
13: endwhile
14: return 最终权重因子 α_k^{(t)} 和传感器最优布置 s_i^{(t)}
```

9.4　传感器布置优化的准则

　　在本章中，使用不同的传感器布置优化方法获得最终传感器位置后，需利用传感器布置准则来检验关于线性独立性、正交性、能量、传感器分布和相同布置等方面的不同性能，分别为 Fisher 行列式、模态置信准则、模态应变能、传感器分布指数和相同位置比例。前四种已在前文做了详细介绍，这里不再赘述，仅介绍相同位置比例准则。

　　尚未存在一个可用于评估多种传感器布置优化方法获得的最终传感器布置结果的准则。因此，本节定义了用于比较相同传感器位置比值(ratio of same positions, RSP)准则如下：

$$RSP = \frac{\sum_{i=1}^{k} l_i}{mk} \tag{9.15}$$

其中，l_i 是通过某种传感器布置优化方法和另一种方法获得的相同传感器位置的数量。由此可见，该指标的值越高，意味着在相应的传感器布置优化方法中传感器位置越相似。

9.5　工　程　算　例

　　在本节中，应用弹簧-质量系统、飞机机翼和空间太阳能电站三个工程数值实例，评估传感器布置优化方法的可行性和有效性。

9.5.1　弹簧-质量系统

具有 20 个自由度的弹簧-质量系统如图 9.1 所示，参数为 $k_i = 1000\text{N/m}$ 和 $m_i = 1\text{kg}\,(i = 1, 2, \cdots, 20)$。以一侧的固定约束为边界条件，每个自由度可作为布置传感器的候选位置。表 9.2 和图 9.2 给出了传感器布置优化的前三阶频率，初始工况考虑布置五个传感器。

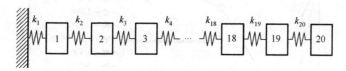

图 9.1　20 自由度的弹簧-质量系统

表 9.2　弹簧-质量系统算例的频率　　　　　　　　　　（单位：Hz）

阶次	1	2	3
弹簧-质量系统	0.386	1.15	1.92

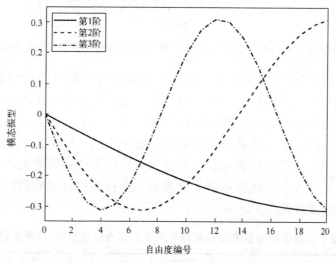

图 9.2　弹簧-质量系统的前三种模态振型

如 9.3.3 节和 9.3.4 节所述，在提出的传感器布置优化方法组合目标中，采用迭代过程选择最优自适应的权重因子，如图 9.3 所示。初始情况下，假设 6 种传感器布置优化方法权重相同，均设置为 1/6。随着迭代步长的增加，权重因子稳定变化，并最终收敛到其最佳自适应值。基于有效独立法、特征向量积方法和模态振型求和方法的传感器布置优化方法在组合适应度函数中占据了最重要的权重，而其他三种方法对传感器布置优化方法的贡献相对较小。如图 9.3 顶部所示，适应度值的快速收敛证明了传感器布置优化方法在确定最佳适应度值问题上的高效性。迭代过程仅需要 7 个迭代步，这归因于该动力学系统中的自由度较少的原因。因此，该传感器布置优化算法的优点在于可以在不受任何人为干预的情况下，自动确定组合适应度函数中最佳自适应权重因子。

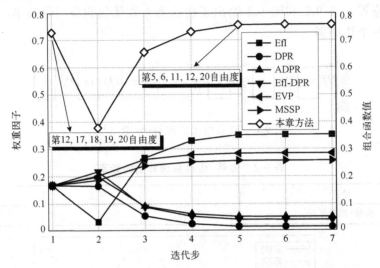

图 9.3　本章提出的传感器布置方法包含的 6 种单目标方法在弹簧-质量系统中的迭代过程

　　此外，6 种传感器布置优化方法和所提出的方法获得的最终传感器布置如表 9.3 所示。除驱动点残差方法和平均驱动点残差方法外，其余 5 种传感器布置优化方法获得的结果均存在差异。如图 9.3 所示，对于 6 种方法得到的传感器布置，有效独立法和模态振型求和方法中经常出现的 5、11 和 20 自由度，对应较大两个的权重因子。这三个位置存在于所提出方法的最佳布置方案中，体现出组合的效果。应用上述 5 个传感器布置优化准则，根据各评价准则的特点来评估传感器布置性能的结果如表 9.3 所示。

表 9.3　本章提出的传感器布置方法与其他 6 种单目标方法在弹簧-质量系统中的准则评价

	传感器位置	Fisher行列式	MAC	模态应变能	传感器分布指数	相同位置比
有效独立法	5, 6, 12, 13, 20	0.031	0.002	489.815	0.342	0.367
驱动点残差方法	16, 17, 18, 19, 20	0.000	0.787	77.773	0.256	0.567
平均驱动点残差方法	16, 17, 18, 19, 20	0.000	0.787	77.773	0.256	0.567
有效独立法-驱动点残差方法	12, 17, 18, 19, 20	0.000	0.570	254.941	0.480	0.600
特征向量积方法	10, 11, 18, 19, 20	0.001	0.438	258.364	0.204	0.533

	传感器位置	Fisher 行列式	MAC	模态 应变能	传感器分 布指数	相同 位置比
模态振型求和方法	5, 11, 18, 19, 20	0.020	0.291	445.807	0.636	0.600
本章方法	5, 6, 11, 12, 20	0.030	0.014	490.155	0.332	0.433

表 9.4 列出了使用不同传感器布置优化方法获得的相同位置的详细数据。有效独立法在 Fisher 行列式和模态置信准则方面表现出最佳性能，但其结果与相同位置比验证的其他传感器位置完全不同。有效独立法-驱动点残差方法和模态振型求和方法的结果与其他方法获得的传感器布置最相似，但其他指标反映的性能较差。类似地，其余四组传感器布置结果在不同指标上具有不同的性能。本章所提出的传感器布置优化方法结合了多种常用方法，综合考虑并平衡了传感器布置优化各方面的性能，结果列于表 9.3 的最后一行中。综合来看本章所提出的传感器布置优化方法具有最优性能，而非单一方面表现良好，即优势在于具有最均衡的性能和综合效益。因此，虽然通过提出的方法获得的传感器布置在所有标准中并不总是最佳的，但是在大多数情况下比通过其他单独的传感器布置优化方法获得的传感器布置更好。这揭示了所提出的传感器布置优化方法的可行性，特别是在综合性能方面。

表 9.4　不同的传感器布置优化方法获得的传感器布置中相同传感器位置的个数

	有效独立法	驱动点残差方法	平均驱动点残差方法	有效独立法-驱动点残差方法	特征向量积方法	模态振型求和方法	本章方法
有效独立法		1	1	2	1	2	3
驱动点残差方法	1		5	4	3	3	1
平均驱动点残差方法	1	5		4	3	3	1
有效独立法-驱动点残差方法	2	4	4		3	3	2
特征向量积方法	1	3	3	3		4	2
模态振型求和方法	2	3	3	3	4		3
本章方法	3	1	1	2	2	3	

在图 9.4 中，比较了不同传感器数量下的弹簧-质量系统中相应的最终权重因子和最佳适应值。当三个布置传感器在所提方法中指向相同的位置时，有效独立

法的权重系数最大。对比可知，组合适应度函数中的有效独立、特征向量积方法和模态振型求和方法的重要性随着传感器数量的增加而增大。这也表明，具有五个传感器的有效独立法的最大权重因子会导致最终传感器布置优化方法结果中出现第 5、6、12 和 20 号位置，原因归于单一方法对组合适应度的影响。

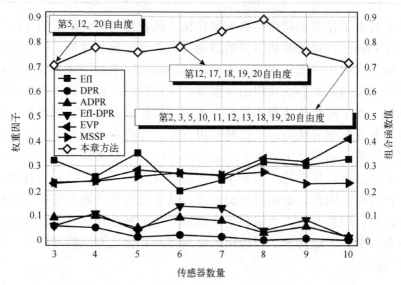

图 9.4　弹簧-质量系统中不同传感器数量下最终的权重因子和最佳适应度值

　　此外，如 9.4 节所述，五个指标用于评估传感器布置优化方法获得的传感器布置，如图 9.5 所示。随着传感器数量的增加，Fisher 行列式的性能也会提高。传感器数量越多，表示布置越密集，这在传感器分布指标中得到了反映。过多传感器可能会导致传感器信息的冗余。与其他六种方法在不同传感器数量下获得的传感器布置方案相比，相同位置比准则显示出更好的结果，约是其传感器布置的相同位置比的 50%～85%。因此，与其他方法相比，本章提出的传感器布置优化方法获得的传感器布置结果改变的位置较少，说明所提方法的组合效果与其他 6 种传感器布置优化方法相比具有良好的兼容性。

9.5.2　飞机机翼

　　为了监测机翼结构的健康状况和完整性，选择了翼展为 2m 的固定翼作为第二个算例，以评估所提出的传感器布置优化方法。具有根部固定约束边界条件的有限元模型如图 9.6 所示。为方便测量，仅在平面外方向自由度上布置传感器。此外，分别将如图 9.7 和表 9.5 中所示的前三个频率和模态作为传感器布置优化方法输入，并在此机翼结构中布置 10 个传感器。

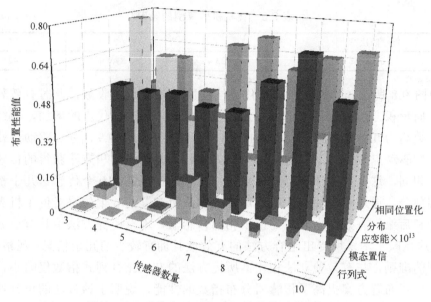

图 9.5　弹簧-质量系统中不同传感器数量的五种指标的评价结果

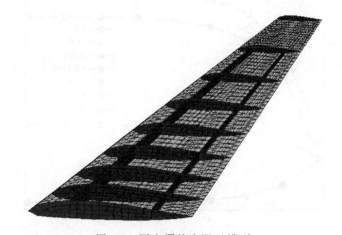

图 9.6　固定翼的有限元模型

图 9.7　固定翼的前三阶模态振型

表 9.5 飞机机翼算例的频率 （单位：Hz）

阶次	1	2	3
飞机机翼	23.4	84.0	142

如图 9.8 所示，传感器布置优化方法在第 9 次迭代时收敛，此时有效独立法和特征向量积方法的权重因子总体上占主导地位。随着迭代步的增加，最终的适应度函数约为 0.8。所有方法获得的传感器布置方案如图 9.9 所示。驱动点残差方法、平均驱动点残差方法、特征向量积方法和模态振型求和方法获得的传感器位置完全相同，这四种方法和有效独立-驱动点残差方法的 10 个传感器几乎都集中在翼端部分。通过有效独立法和本章所提方法所布置的 6 个传感器位于机翼结构的前缘和后缘，有效独立法中的三个相邻传感器在本章所提方法中具有更分散的布置，这反映了本章所提出组合方法的有效性且拥有较少的冗余信息。观察表 9.6中所列的准则，与有效独立法相比，所提方法的 Fisher 行列式指数仅略小，通过改善传感器布置方案提高了传感器分布指数的性能，说明了该方法的可行性。

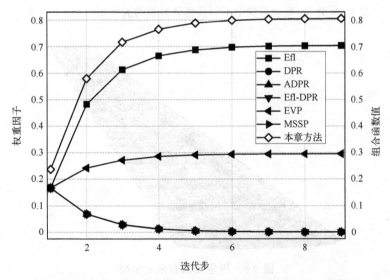

图 9.8 本章提出的传感器布置方法包含的 6 种单目标方法在机翼中的迭代过程

表 9.6 本章提出的传感器布置方法与其他 6 种单目标方法在机翼中的准则评价

	Fisher 行列式($\times 10^8$)	传感器分布指数	相同位置比
有效独立法	1.302	0.683	0.433
驱动点残差方法	0	0.145	0.783
平均驱动点残差方法	0	0.145	0.783
有效独立法-驱动点残差方法	0	0.144	0.783

続表

	Fisher 行列式（×10⁸）	传感器分布指数	相同位置比
特征向量积方法	0	0.145	0.783
模态振型求和方法	0	0.145	0.783
本章方法	1.267	0.871	0.433

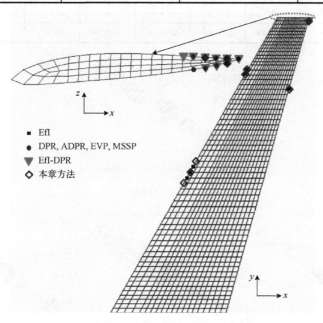

图 9.9　本章方法与其他 6 种方法在机翼布置传感器方案中的比较

9.5.3　空间太阳能电站

将本章所提出的传感器布置方法在如图 9.10 所示的空间太阳能电站结构进行

图 9.10　空间太阳能电站概念示意图

验证，为便于测量，仅在平面外方向的自由度上布置传感器。此外，分别计算了如表 9.7 和图 9.11 所示的前七阶频率和模态振型，作为传感器布置优化方法的输入，共布置了 30 个传感器。

表 9.7　空间太阳能电站算例的频率　　　　　　　　（单位：Hz）

阶次	1	2	3	4	5	6	7
空间太阳能电站	0.00488	0.0148	0.0148	0.0158	0.0161	0.0174	0.0174

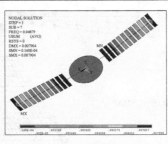

(a) 第一阶模态

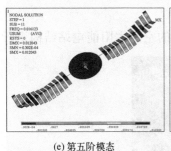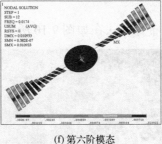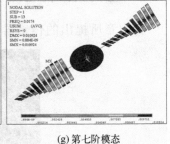

(b) 第二阶模态　　　　　　　(c) 第三阶模态　　　　　　　(d) 第四阶模态

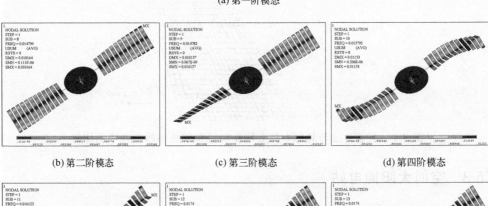

(e) 第五阶模态　　　　　　　(f) 第六阶模态　　　　　　　(g) 第七阶模态

图 9.11　空间太阳能电站的前 7 阶模态振型

如图 9.12 所示，算例在第 8 次迭代收敛。从总体上看，主要的权重因子是有效独立法和特征向量积方法。所有传感器布置优化方法所获得的布置方案如图 9.13 所示，所有传感器均位于模态应变能较大的太阳能电池的边缘。采用本章方法所获得的传感器布置结果与通过有效独立法获得的结果相同，特征向量积方法的权重因子接近 0.4，表 9.8 中列出了相应传感器布置方案的准则。

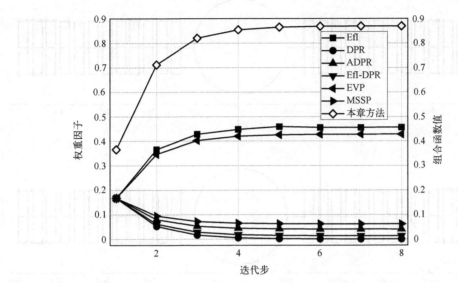

图 9.12　本章提出的传感器布置方法包含的 6 种单目标方法在空间太阳能电站中的迭代过程

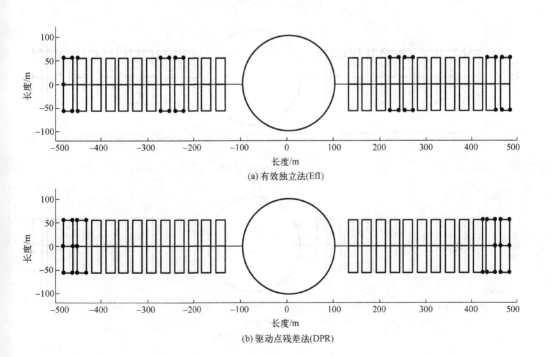

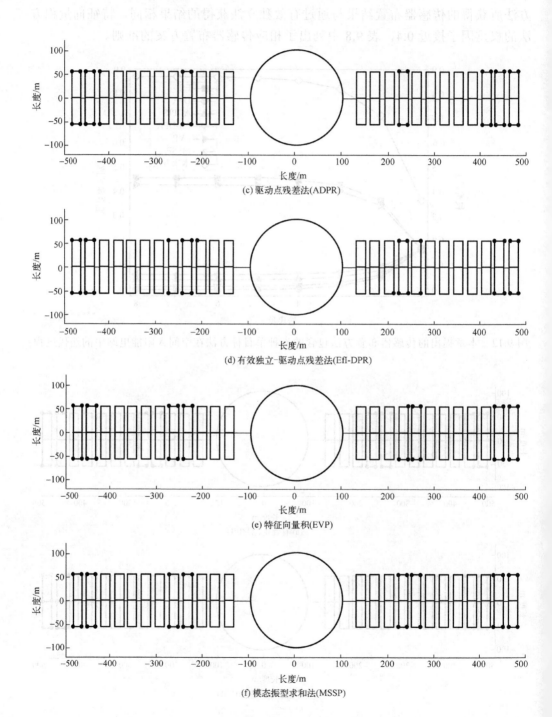

(c) 驱动点残差法(ADPR)

(d) 有效独立-驱动点残差法(EfI-DPR)

(e) 特征向量积(EVP)

(f) 模态振型求和法(MSSP)

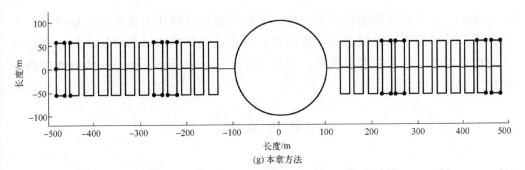

(g) 本章方法

图 9.13 本章方法与其他 6 种方法在空间太阳能电站布置传感器方案中的比较

表 9.8 本章提出的传感器布置方法与其他 6 种单目标方法在空间太阳能电站中的准则评价

	Fisher 行列式($\times 10^{-19}$)	MAC	传感器分布指数	相同位置比
有效独立法	1.091	0.014	2.886	0.806
驱动点残差方法	0.000	0.129	2.086	0.522
平均驱动点残差方法	0.442	0.058	2.971	0.722
有效独立法-驱动点残差方法	1.100	0.026	3.349	0.822
特征向量积方法	1.151	0.024	2.766	0.817
模态振型求和方法	1.164	0.024	3.126	0.839
本章方法	1.091	0.014	2.886	0.806

　　所有仿真都是在 3.10GHz 的 Core(TM)E5-2687 2 CPU 计算机上进行的,三个算例每次迭代的平均计算时间约为 12s～2.3h,这与自由度和传感器的数量有关。该算法效率取决于在整个优化过程中的每次迭代的计算时间和迭代次数。通过以上三个算例对本章所提出的方法进行了评价,可以清楚地说明所提方法与传统方法相比的优越性。首先,与仅涉及单目标优化的传统方法相比,本章所提方法同时考虑了多种不同的典型传感器布置优化方法。可以选择或修改所参与计算的传感器方法、优化目标以及这些方法的数量,以满足实际测试过程的应用。这意味着本章所提方法具有更强的适用性、可操作性和可移植性。此外,所有传感器布置优化方法均利用自适应的权重因子进行平衡,这些权重因子可以自动判定每种方法在迭代过程中的重要性,可以避免人为干预。最后,所提出的迭代优化算法可以最大限度地确定每种传感器布置优化方法的实际权重,尽可能地消除不收敛的结果或遗漏的情况。

9.6 本 章 小 结

　　本章提出了一种面向结构健康监测基于多目标迭代优化的自适应传感器布置

优化方法。将几种常用的传感器布置方法的筛选格式转化为等效优化格式，利用归一化和权重因子构造组合适应度函数，采用迭代策略和遗传算法求解，确定自适应权重因子，从而获得最优解。通过 3 个数值算例验证了该方法的有效性和准确性。

参 考 文 献

[1]　Civera M, Pecorelli M L, Ceravolo R, et al. A multi-objective genetic algorithm strategy for robust optimal sensor placement[J]. Computer-Aided Civil and Infrastructure Engineering, 2021, 36(9): 1185-1202.

[2]　Cha Y J, Agrawal A K, Kim Y, et al. Multi-objective genetic algorithms for cost-effective distributions of actuators and sensors in large structures[J]. Expert Systems with Applications, 2012, 39(9): 7822-7833.

[3]　Lin J F, Xu Y L, Law S S. Structural damage detection-oriented multi-type sensor placement with multi-objective optimization[J]. Journal of Sound and Vibration, 2018, 422: 568-589.

[4]　Lin J F, Xu Y L, Zhan S. Experimental investigation on multi-objective multi-type sensor optimal placement for structural damage detection[J]. Structural Health Monitoring, 2019, 18(3): 882-901.

[5]　Zhou G D, Yi T H, Xie M X, et al. Optimal wireless sensor placement in structural health monitoring emphasizing information effectiveness and network performance[J]. Journal of Aerospace Engineering, 2021, 34(2): 04020112.

[6]　Chung Y T, Moore J D. On-orbit sensor placement and system identification of space station with limited instrumentations[C]//Proceedings of the International Modal Analysis Conference, 1993: 41-46.

[7]　Imamovic N. Model validation of large finite element model using test data[D]. London: Imperial College, 1998.

[8]　Doebling S W. Measurement of structural flexibility matrices for experiments with incomplete reciprocity[D]. Boulder: University of Colorado, 1995.

[9]　Larson C B, Zimmerman D C, Marek E L. A comparison of modal test planning techniques: Excitation and sensor placement using the NASA 8-bay truss[C]//Proceedings of the 12th International Modal Analysis Conference, 1994: 205-211.

[10]　De Clerck J P, Avitable P. Development of several new tools for pre-test evaluation[C]// Proceedings of the 16th International Modal Analysis Conference, Orlando, Fl, USA, 1998.

[11]　Vincenzi L, Simonini L. Influence of model errors in optimal sensor placement[J]. Journal of

Sound and Vibration, 2017, 389: 119-133.

[12] Bonisoli E, Delprete C, Rosso C. Proposal of a modal-geometrical-based master nodes selection criterion in modal analysis[J]. Mechanical Systems and Signal Processing, 2009, 23: 606-620.

[13] Li Y, Wang X, Huang R, et al. Actuator placement robust optimization for vibration control system with interval parameters[J]. Aerospace Science and Technology, 2015, 45: 88-98.

[14] Yoganathan D, Kondepudi S, Kalluri B, et al. Optimal sensor placement strategy for office buildings using clustering algorithms[J]. Energy and Buildings, 2018, 158: 1206-1225.

[15] Cao X, Chen J, Xu Q, et al. A distance coefficient-multi objective information fusion algorithm for optimal sensor placement in structural health monitoring[J]. Advances in Structural Engineering, 2021, 24(4): 718-732.

第 10 章 传感器数量决定与布置的多目标优化方法

10.1 引　　言

本章为决定最优传感器数量提出了一种传感器数量决定的区间分析方法,并基于此构建了一种多目标优化方法以决定最优的传感器布置方案。为了避免缺少统计信息导致概率不确定性量化的偏颇,本章提出了面向传感器布置优化的区间不确定性指标。为克服不确定条件下使用确定性方法来筛选传感器数量造成的误差,定义了布置传感器数量的区间关系。多目标传感器布置优化方法包含传感器的数量和位置两类设计变量,以及两个传感器布置性能的优化目标。此外,本章建立了一种改进的超体积评价指标来获取更具有多样性的多目标解集,并在该指标的基础上,利用迭代更新过程建立了一种迭代多目标优化算法,以提高传感器布置多目标优化的求解效率。最后,本章通过三个算例验证了该方法的有效性。

10.2　基于区间可能度的传感器数量优化方法

10.2.1　传感器布置方法的不确定性传播

在传感器布置优化问题中,首先应明确的是如何决定传感器的数量[1, 2],现有主要研究成果集中于求解确定性的问题[3]。前文提到的有效独立法和特征向量积方法虽在求解传感器布置优化问题上具有竞争力,但仅适用于确定性问题,尚未考虑不确定的结构参数或测量误差带来的影响。实际工程结构总是含有不确定性,对于小样本的不确定性参数通常很难用概率理论量化不确定性。因此,本章将不确定数视为非概率区间数,并使用区间分析方法研究了传感器布置优化中不确定性的传播[4,5]。针对传感器布置优化问题的不确定性情况,提出一种基于传感器数量区间关系构建的传感器数量优化方法。

本书第 2 章已经推导了有效独立法的不确定性传播过程,这里不再赘述,仅给出基于特征向量积方法的区间不确定性传播过程。根据区间数学的定义,特征向量积方法的下界和上界可以直接由以下表达式得出:

$$\underline{\text{EVP}_i} = \prod_{j=1}^{N} \left| \underline{\boldsymbol{\Phi}_{ij}} \right|$$

$$\overline{\text{EVP}_i} = \prod_{j=1}^{N} \left| \overline{\boldsymbol{\Phi}_{ij}} \right| \tag{10.1}$$

因此，获得特征向量积方法适应度函数的区间界 $\underline{f_{\text{EVP}}}$ 和 $\overline{f_{\text{EVP}}}$ 为

$$\underline{f_{\text{EVP}}} = \sum^{m} \underline{\text{EVP}_i}$$

$$\overline{f_{\text{EVP}}} = \sum^{m} \overline{\text{EVP}_i} \tag{10.2}$$

10.2.2　标称系统下的传感器数量优化

在传感器布置优化工作中，仅依据工程经验决定传感器数量往往会导致偏差。在标称的动力学系统下，将依据以下两种理论方法来筛选最佳传感器数量。

第一种传感器数量筛选方法试图在 m 和 $m+1$ 个传感器的性能值之间设置一个容差，如下所示：

$$\text{Num}(m) = \left\{ \exists m : \left| \frac{f_{\text{OSP}}(m+1) - f_{\text{OSP}}(m)}{f_{\text{OSP}}(m)} \right| < \text{tol}, N \leqslant m \leqslant n \right\} \tag{10.3}$$

其中，$\text{Num}(m)$ 是传感器数量筛选函数；$f_{\text{OSP}}(m)$ 和 $f_{\text{OSP}}(m+1)$ 分别是 m 和 $m+1$ 个传感器对应的传感器布置优化性能值；tol 是收敛条件的容差。一旦式 (10.3) 收敛，即可决定传感器数量。

第二种方法是绘制传感器布置优化性能相对于传感器数量的曲线，通过寻找其拐点确定：

$$\text{Num}(m) = \left\{ \exists m : \frac{\mathrm{d}^2 y}{\mathrm{d} m^2} = 0, y = f_{\text{OSP}}(m), N \leqslant m \leqslant n \right\} \tag{10.4}$$

但是，这两种方法仅适用于标称名义系统。不确定的结构参数会影响 $f_{\text{OSP}}(m)$ 和 $f_{\text{OSP}}(m+1)$ 的值，因此无法利用式 (10.3) 和式 (10.4) 处理不确定的传感器数量优化问题。

10.2.3　传感器数量的区间关系

基于不确定区间可能度的分析方法，本章提出了一种新颖的传感器数量筛选方法。定义传感器数量区间关系 (relationship of interval sensor number，RISEN) 以反映 $f_{\text{OSP}}(m)$ 和 $f_{\text{OSP}}(m+1)$ 的区间关系。

$$\text{RISEN}(m) = \begin{cases} \dfrac{L^{\cap}}{L^{\cup}}, & f_{\text{OSP}}^{\text{I}}(m) \bigcap f_{\text{OSP}}^{\text{I}}(m+1) \neq \varnothing \\ 0, & f_{\text{OSP}}^{\text{I}}(m) \bigcap f_{\text{OSP}}^{\text{I}}(m+1) = \varnothing \end{cases} \tag{10.5}$$

其中，区间长度 $L^{\cap}$ 和 $L^{\cup}$ 表示为

$$L^{\cap} = \min(\overline{f_{\text{OSP}}}(m), \overline{f_{\text{OSP}}}(m+1)) - \max(\underline{f_{\text{OSP}}}(m), \underline{f_{\text{OSP}}}(m+1)) \tag{10.6}$$

和

$$L^{\cup} = \max(\overline{f_{\text{OSP}}}(m), \overline{f_{\text{OSP}}}(m+1)) - \min(\underline{f_{\text{OSP}}}(m), \underline{f_{\text{OSP}}}(m+1)) \tag{10.7}$$

图 10.1 中的两个区间的关系表征了 RISEN 模型。因此，也可以通过容差或拐点这两种方法来实现传感器数量优化过程，分别为

$$\text{Num}(m) = \left\{ \exists m : \left| \frac{\text{RISEN}(m+1) - \text{RISEN}(m)}{\text{RISEN}(m)} \right| \leqslant \text{tol} \right\} \tag{10.8}$$

和

$$\text{Num}(m) = \left\{ \exists m : \frac{\mathrm{d}^2 y}{\mathrm{d} m^2} = 0, y = \text{RISEN}(m), N \leqslant m \leqslant n \right\} \tag{10.9}$$

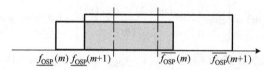

图 10.1　RISEN 在 m 个和 $m+1$ 个传感器上用于传感器布置优化的单目标示意图

10.2.4　利用两种传感器布置优化方法决定传感器数量

10.2.3 节所提出的 RISEN 用于不确定性情况下求解最优传感器数量，但仅适用于使用某一种传感器布置优化方法，并不能应用于多种传感器布置方法。当使用两种优化方法将获得两个区间结果，如图 10.2 所示。通过将一维区间长度扩展为二维区间并依此建立 2D-RISEN，这将提高使用两种不确定性传感器优化方法的竞争力，具体表达式如下。

$$\text{RISEN}_{\text{2D}}(m) = \frac{S^{\cap}}{S^{\cup}} \tag{10.10}$$

其中，

$$S^{\cap} = L_{\text{Efl}}^{\cap} \cdot L_{\text{EVP}}^{\cap} \tag{10.11}$$

和

$$S^{\cup} = L_{\text{Efl}}^{\cup} \cdot L_{\text{EVP}}^{\cup} \tag{10.12}$$

其中，$S^{\cap}$ 和 $S^{\cup}$ 是由两个区间组成的两个不确定性分布区域，分别由如式(10.11)和式(10.12)所示的两个传感器布置优化方法计算得到。

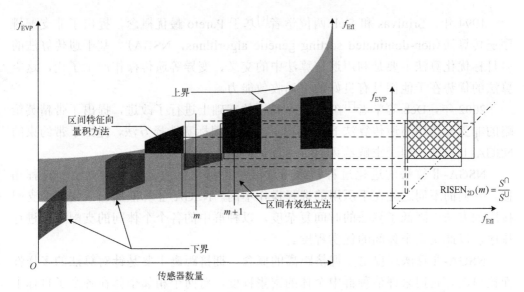

图 10.2　m 个和 $m+1$ 个传感器布置优化的多目标 2D-RISEN 方案图

因此，传感器数量可以通过分析以下两种方法决定：

$$\text{Num}(m) = \left\{ \exists m : \left| \frac{\text{RISEN}_{2D}(m+1) - \text{RISEN}_{2D}(m)}{\text{RISEN}_{2D}(m)} \right| \le \text{tol} \right\} \tag{10.13}$$

或

$$\text{Num}(m) = \left\{ \exists m : \frac{\text{d}^2 y}{\text{d}m^2} = 0, y = \text{RISEN}_{2D}(m), N \le m \le n \right\} \tag{10.14}$$

详细的几何解释在图 10.2 中进行了说明，可以通过矩形面积的比值来计算求得。

10.3　传感器布置多目标优化算法

本节在回顾多目标优化算法的基础上，提出一种基于改进超体积指标的传感器布置多目标优化算法。首先，构建多目标传感器布置优化问题，然后采用遗传算法求解该双目标优化模型。此外，改进超体积可用于评估所有可能解集。最后，设计了一种基于改进超体积指标的多目标优化算法。

10.3.1　多目标优化算法介绍

1. NSGA-Ⅱ算法

1994 年，Srinivas 和 Deb 两位学者[6]基于 Pareto 最优概念，提出了非支配排序遗传算法(non-dominated sorting genetic algorithms，NSGA)。基于遗传算法的多目标优化算法主要是利用遗传算法中的交叉、变异等遗传操作产生子代，这类算法的优势在于他们具有良好的全局收敛能力。

2002 年，Deb 等学者[7]在 NSGA 算法的基础上进行了改进，提出了带精英策略的非支配排序的遗传算法 NSGA-Ⅱ，并结合锦标赛选择方法，提出了带约束的 NSGA-Ⅱ算法，用于求解约束多目标优化问题。

NSGA-Ⅱ算法的进化过程基本与求解单目标优化问题的遗传算法的过程相似，它们的不同之处在于所用的选择操作不同。NSGA-Ⅱ算法提出了快速非支配排序的方法，降低了算法的时间复杂度，以种群中的各个个体间的支配关系进行排序，以此决定个体间的优劣程度。

NSGA-Ⅱ算法还提出了拥挤距离的概念，拥挤距离主要是针对算法的多样性而提出的。它用来评估种群中个体的密集程度，对两个相邻个体在各个子目标上的距离差进行求和。利用该概念设计了相应的拥挤度比较算子对个体进行选择，改善了算法的多样性。

此外，该算法将遗传算法中的精英策略用于多目标优化问题中，即在算法的迭代过程中，保留算法在上一代的优秀个体至下一代的演化过程，实践表明该策略的引用可以改善多目标优化算法的计算效率。

为保持 NSGA-Ⅱ程序的模块化，带约束的 NSGA-Ⅱ算法新定义了两个解之间的支配关系。如果下列任何一个条件为真，则称 A 解约束支配 B 解：

①A 解可行，B 解不可行；

②A、B 解均不可行，A 解的整体违反约束值较小；

③A、B 解均可行，A 解优于 B 解。

带约束的 NSGA-Ⅱ算法的算法思路如算法 10.1 所示。

算法 10.1　带约束的 NSGA-Ⅱ算法思路

输入：NP：NSGA-Ⅱ算法种群规模，MaxFEs 最大迭代次数，Fpool 和 CRpool 分别是 DE 算法中的缩放因子和交叉概率的一个参数选择池。

1：随机初始化种群 P，NFEs=0

2：计算种群 P 中的每个个体的目标函数值和约束条件违反度

3：对种群 P 中满足约束的个体进行快速非支配排序，将不满足约束的个体按照约束条件的违反度高低排在最后几层，一层仅容纳一个不满足约束的个体

4：计算每层中所有个体的拥挤度，将同层个体按拥挤度值进行升序排序

5：**while** NFEs<MaxNFEs **do**

6：将父代种群、交叉所得子代种群与变异所得子代种群组合成新的种群，并计算目标函数值及约束违反度

7：进行带约束的快速非支配排序操作

8：进行拥挤度排序

9：将种群按照非支配序值从低到高、拥挤度距离从大到小依次选择个体，直至挑选出的个体数等于 NP 为止，挑选出的个体作为新的父代种群

10：NFEs= NFEs+1

11：**endwhile**

将改进后的带约束的 NSGA-Ⅱ 与 Ray-Tai-Seow 算法进行对比，NSGA-Ⅱ 在收敛到真正的帕累托最优前沿和保持非支配解的多样化总体方面比 Ray-Tai-Seow 算法表现得更好。与 MOEAs-PAES（many multi-objective evolutionary algorithms-Pareto archived evolution strategy）和 SPEA（strength Pareto evolutionary algorithm）相比，用于 NSGA-Ⅱ 的多样性保持机制是最好的，在具有强参数相互作用的问题上，NSGA-Ⅱ 比其他两种方法更接近真实的前沿。

2. NSGA-Ⅲ 算法

2015 年，Deb 团队为解决多目标优化算法，在演化多目标优化算法的基础上，提出了一种基于参考点的多目标进化算法（NSGA-Ⅲ）[8]。与 MOEA/D 版本不同，NSGA-Ⅲ 过程不需要设置任何附加参数。

NSGA-Ⅲ 算法遵循 NSGA-Ⅱ 框架，选择算子发生了显著的变化，提出了不同的多样性维护策略，通过提供和自适应地更新一些分布良好的参考点来帮助维持种群成员之间的多样性，便于处理多目标约束优化问题和一些特殊的且具有挑战性的多目标问题，将性能扩展到 15 个目标。在选择过程中，将 NSGA-Ⅱ 的拥挤度距离改为参考点法，以解决 NSGA-Ⅱ 中的拥挤度距离法在平衡算法的多样性和收敛性表现较差的问题。NSGA-Ⅲ 限制于解决各种无约束问题，如归一化、缩放、凸、凹、脱节、聚焦于部分帕累托最优前沿。

NSGA-Ⅲ 在解决具有指定变量范围的 3～15 个客观无约束问题方面具有优势。由于选择了提供的参考点作为不同的集合，因此获得的折中解决方案也可能会有所不同。由于可以在单个模拟运行中同时找到多个帕累托最优点，因此

NSGA-Ⅲ提供了有效的并行搜索。

　　NSGA-Ⅲ的优化过程大致分为以下几个步骤：①种群的非支配层次排序；②超平面上参考点的确定；③种群成员的自适应归一化；④参考点的关联；⑤小生境操作。

　　由于，NSGA-Ⅲ被限制为仅解决具有处理边界约束的问题。因此，Deb 等又将对 NSGA-Ⅲ的约束处理部分进行了改进，提出了带约束的 NSGA-Ⅲ算法，改进后的算法仍然保持了整体算法的无参数化(不需要常规的遗传参数)。如果所有的种群成员都是可行的，或者提供了一个无约束问题，带约束的 NSGA-Ⅲ简化为原始的无约束 NSGA-Ⅲ算法。

　　带约束的 NSGA-Ⅲ基于 NSGA-Ⅲ主要做了两个部分的改动。首先是对精英选择算子进行了修改，遵循了带约束的 NSGA-Ⅱ中采用的约束支配原则，通过将约束函数除以存在的此约束中的常数来归一化所有约束，根据个体的约束支配情况，来更新个体理想值(z_{min})和最低点(z_{max})。其次，对后代种群进行了修改，采用了针对约束进行改进的锦标赛选择操作：

　　①如果 $p1$ 可行，$p2$ 不可行，则选择 $p1$；否则，如果 $p2$ 可行，$p1$ 不可行，则选择 $p2$；

　　②如果 $p1$ 和 $p2$ 不可行，则如果 $p1$ 具有较小的约束冲突，则选择 $p1$；否则，如果 $p2$ 具有较小的约束冲突，则选择 $p2$；

　　③如果 $p1$ 和 $p2$ 都可行，则随机选择 $p1$ 或 $p2$。

　　带约束的 NSGA-Ⅲ算法的算法思路如算法 10.2 所示。

算法 10.2　带约束的 NSGA-Ⅲ算法思路

输入： H 结构化参考点 Z^s 或提供的期望点 Z^a，父代种群 P_t，MaxFEs 最大迭代次数

输出： P_{t+1}

1：随机初始化种群 P，NFEs = 0，计算个体的目标函数值和约束条件违反度

2：**while** NFEs<MaxNFEs **do**

3：　　　$S_t = \varnothing, i = 1$

4：　　　$Q_t = $ 重组 + 突变(P_t)

5：　　　$R_t = P_t \cup Q_t$

6：　　　$(F_1, F_2, \cdots) = $ 带约束的快速非支配排序(R_t)

7：　　　改进后的锦标赛选择，选出 F_i 层之前的 N 个个体

8：　　　归一化目标，并创建参考点集 Z^r：Normalize(f^n, S_t, Z^r, Z^S, Z^a)

9：　　　将 S_t 每个成员 s 与一个参考点联系起来：$[\pi(s), d(s)] = $ Associate(S_t, Z^r) % $\pi(s)$；最近的参考点 $d(s)$： s 和 $\pi(s)$ 之间的距离

10：　　　　计算参考点的生态位数 $j \in Z^r$: $\rho_j = \sum_{S \in S_t/F_t} ((\pi(s) = j)?1:0)$

11：　　　　从 F_i 中每次选择 K 个成员来构建 P_{t+1} : Niching$(K, \rho_j, \pi, d, Z^r, F_l, P_{t+1})$

12：　　　　NFEs = NFEs + 1

13：　　　　**endwhile**

3. 基于 Kriging 代理模型的 L-SHADE 算法

大多数工程设计问题，需要模拟实验来评估采用不同设计参数时的目标函数，对于许多实际问题，单次模拟可能需要数分钟、数小时、甚至数天才能完成。因此，类似设计优化、设计空间搜索这种，需要数千、甚至数万次模拟的任务，直接对原模型求解时间代价大。改善这种情况的一个办法就是使用近似模型（代理模型）来模拟原始模型。代理模型计算结果与原模型结果近似，求解计算量小。

采用 Kriging 代理模型的优势有：①该方法的简单性和具有较好估计目标函数的能力；②用于估计目标函数的输入数据的时空相关性较好；③与其他模型相比，用合理的计算代价可以得到一个良好的置信区间估计。

在处理昂贵计算问题时，将代理模型嵌入到演化算法中，在演化过程中可以将大部分计算适应度值的过程交给代理模型去处理，并根据演化过程中的较优结果不断更新代理模型，使整个算法不仅在时间上得到较大的缩减，在求解方面也能得到最优解。L-SHADE 算法是基于线性种群规模缩减（linear population size reduction，LPSR）和成功历史的参数自适应差分进化算法（success history-based adaptive differential evolution，SHADE），是差分进化算法系列最有效的家族算法之一。L-SHADE 是 Tanabe 等[9]提出的一种基于种群线性递减的自适应差分演化算法，该算法具有很好的准确性和收敛性。

基于 Kriging 代理模型的 L-SHADE 算法的算法思路如算法 10.3 所示。

算法 10.3　基于 Kriging 代理模型的 L-SHADE 算法思路

输入：max_pop_size：初始最大种群规模，min_pop_size：最小种群规模，NP：当前种群规模，MaxFES：最大评估次数，lu：搜索空间等其他 L-SHADE 基本参数设置

1：在搜索空间随机初始化种群 pop，NFES = 0，iter（while 循环次数）=0

2：计算种群 pop 中的每个个体的适应度值得到适应度值矩阵 fitness，NFES = NFES+NP

3：根据 pop 以及 fitness，建立 Kriging 代理模型 $y(x)$

4：**While** NFES < MaxFES **do**

5：　　　种群 pop 通过调用 L-SHADE 算法中的交叉变异产生子代 pop_child

6：　　　根据建立的代理模型 $y(x)$ 计算子代种群 pop_child 的适应度值 fit_child

7:　　　　Iter = iter + 1, NFES = NFES + popsize

8:　　　　得到的较优个体更新 M_{CR} 和 M_F，以及得到新的个体控制参数 CR 和 F

9:　　　　种群规模更新，线性递减，将较优个体及对应的适应度值保留 fit_child

10:　　　　计算式：Best_fit_val = mean(fit_child)

11:　　　　**if** iter mod k == 0

12:　　　　　　（更新代理模型，使得代理模型逐渐靠近当前搜索空间的理想模型）

13:　　　　　　计算子代 pop_child 的真实适应度值 fit_new

14:　　　　　　父代 fitness 排序，去除较差个体，使父代种群与子代种群大小相同

15:　　　　　　子代 fit_new 排序，与父代 fitness 比较，取最优，得种群 pop_new

16:　　　　　　父代 pop = pop_new，fitness = fit_new′(pop_new 适应度值)

17:　　　　**Endif**

18: **Endwhile**

4. 流形学习在多目标优化上的应用

流形学习[10-12]是一类十分经典的非线性数据降维算法，这类算法的主要思想是许多数据只是人为看起来具有很高维度，实际可以用较少的参数对数据的维度特征进行描述。可以形式化地概括流形学习这一维数约简过程：假设数据是均匀采样于一个高维欧氏空间中的低维流形，流形学习就是从高维采样数据中恢复低维流形结构，即找到高维空间中的低维流形，并求出相应的嵌入映射，以实现维数约简或者数据可视化。它是从观测到的现象中去寻找事物的本质，找到产生数据的内在规律。

即给定高维空间中的一组数据 $X = \{x_i \in R^D, i = 1, 2, \cdots, N\}$，假设样本点 X 来自或者近似来自一个本征维数为 $d(d \leqslant D)$ 的光滑低维流形。流形学习方法的目标是寻求高维空间中数据 x_i 的嵌入低维表示 $y_i \in R^D$，也即是说寻找使 $y_i \in F(x_i)$ 以及 $x_i = F^{-1}(y_i)$ 成立的映射关系 F 及其逆 F^{-1}。同时，需要保证映射的过程不丢失数据的几何特征[13]。

以下将对目前已研究的几种流形学习相关算法进行简要介绍。

(1)基于多重分形的流形多目标算法及占优策略研究。

该算法通过分析多重分形理论中分布奇异性与多目标优化中种群分布收敛性的相似过程，将多重分形引入多目标优化中，从而设计了一个新型的建模评估准则，然后采用主曲线的方法对种群进行建模，提出一种基于多重分形的主曲线模型多目标演化算法。

多重分形的核心思想就是通过变换网格划分的粒度，观测划分后的单元(盒子)

测度，在分割函数的作用下各个测度的变化。以此作为研究区域奇异性特征挖掘的手段。这套理论作为非线性数学物理学科广泛应用于奇异性问题研究，并取得众多成果。在演化计算特别是模型多目标演化计算中，个体的收敛过程符合大量个体聚集的奇异性特点。通过多重分形方法来描述种群在搜索空间上的分布奇异性特征，并利用这些特征指导演化计算的策略将是一个非常有意义的研究内容。算法框架如算法 10.4 所示。

算法 10.4　多重分形主曲线模型多目标优化算法

Step 1.　初始化种群：初始化种群 P 的演化代数 $t=0$，随机初始化种群 $P(t)$ 以及体奇异性值 $a_0=0$；

Step 2.　循环迭代：

　　Step 2.1　采用多重分形方法计算种群 $P(t)$ 分布的奇异性值 a；

　　Step 2.2　如果满足 $|a-a_0|<\triangle a$ 条件，则采用主曲线方法建立概率模型，通过一定的策略在概率模型上产生新的种群 $P_s(t)$；否则采用其他交叉，变异等类似的演化策略产生新的种群 $P_s(t)$；

Step 3.　选择：混合 $P_s(t)$ 以及 $P(t)$ 并从混合种群中选择出下一代个体 $P(t+1)$；

Step 4.　算法停止：如果满足算法的停止条件则算法停止并输出优化结果，否则 $t=t+1$，跳到 Step 2 继续执行。

(2) 基于局部线性嵌入的混合多目标演化算法。

多目标优化算法主要分为基于遗传操作的多目标优化算法和基于模型的多目标优化算法(即基于分布估计的多目标优化算法)两类：基于遗传操作的多目标优化算法，在算法接近收敛的后期，基于交叉、变异等遗传算子具有随机性，可能让新产生的个体偏离最优解，且这类方法忽略了决策空间中 Pareto 优化解集的分布规则性；基于模型的多目标优化算法，在优化初期，由于缺少种群分布信息，通过建立模型、采样方法得到的子代种群的搜索方向同目标搜索方向可能存在差异。

两种多目标优化算法的缺点分别体现在多目标优化过程的不同阶段，将这两类算法分别运用于多目标优化的不同阶段，即将基于遗传操作的多目标优化算法运用于优化过程的初期，同时将基于模型的多目标优化算法运用于后期，以克服各自的不足并发挥各自的优势，提高算法性能。另外，在该算法中引入熵值判定准则，用于确定两个不同演化阶段的转换时机。

5. 高维多目标问题优化

为求解这一类问题，基于不同策略的算法纷纷被提出，由于求解的关键在于平衡收敛性和多样性，这些算法在整个演化过程中都同时维护收敛性和多样性。然而，有些算法并不能到达这个目的。例如，NSGA-Ⅲ算法引入了均匀分布的参考点增强算法的多样性，但是 Pareto 支配仍然被使用去指导收敛，这导致了算法的收敛性不强。因此，为了提高 NSGA-Ⅲ 的性能，一些改进 NSGA-Ⅲ 算法被提出，例如，θ-DEA 和 NSGA-Ⅲ-OSD。从这些算法获得结果分析，在环境选择阶段混合 PBI 函数的这些算法的收敛性仍然不强。此外，这些带均匀分布参考点的算法不能在非规则问题上执行得很好，而在求解有退化的 Pareto 前沿问题上，这些算法的性能也很差，主要是被无效参考点影响。因此，基于参考点的算法在规则的问题上虽然拥有很好的多样性，而收敛性需要提高，但在非规则的问题上却仍是挑战[14]。

　　基于以上讨论，Dai 等[15]提出了一种基于参考点的多目标优化算法，该算法通过关联操作创新地融合指标和参考点去平衡收敛性和多样性。因此，指标和参考点共同指导的演化算法（indicator and reference points co-guided evolutionary algorithm，IREA）。该算法首先根据 Das 和 Dennis 的方法生成参考点，并将种群中的每一个解关联一个参考点，形成不同的簇。其次，计算出每个解的指标。最终，拥有小的指标值的解一层一层地从每一个簇中被选出放到下一代种群中，直到种群满。算法框架如算法 10.5 所示。

算法 10.5　IREA 算法框架

1：　$\Lambda \leftarrow$ GenerateReferencePoints()

2：　$P_0 \leftarrow$ InitializePopulation()

3：　$z^* \leftarrow$ InitializeIdealPoint()

4：　$[\pi(s), \ d_\perp(s), C] \leftarrow$ Associate(P_0)　　　//关联种群中的每个解和参考线；$d_\perp(s)$：
距离解参考线的距离；C：关联相同参考线的解集

5：　$t \leftarrow 0$

6：**while** 是否满足终止条件 **do**

7：　　　$P_t' \leftarrow$ Matingselection($P_t, \pi(s), d_\perp(s)$)　　　//二值锦标赛选择

8：　　　$S_t \leftarrow P_t \cup$ Variation(P_t', N)　　　//混合 P_t 和子代种群形成混合种群 S_t

9：　　　$z^* \leftarrow$ UpdateIdealPoint(S_t)　　　//更新 ideal Point

10：　　　Normalization(S_t)　　　//归一化种群

11：　　　ComputeIndicator(S_t)　　　//计算每个种群中每个解的指标

12：　　　FitnessAssignment(S_t)　　　//适用度评价

13：　　　$[\pi(s), \ d_\perp(s), C] \leftarrow$ Associate(S_t)

14：　　　$P_t \leftarrow$ IndicatorBasedSelection($C, \ F(s \in C_i)$)　//基于指标从混合种群中选择 N 个解

15：　　　　$t \leftarrow t + 1$

16：**end while**

10.3.2　多目标传感器布置优化问题的构成

利用权重因子将多目标优化转换为单目标，或直接求解多目标优化问题获得 Pareto 前沿解集是多目标传感器布置优化问题中两种常见的求解思路[16-18]。本章将直接构建传感器布置的双目标优化模型：

$$
\begin{aligned}
&\text{find} &&m \\
&\text{find} &&\{s_{\text{MOOSP}}^{k}\} &&1 \leqslant k \leqslant m \\
&\text{max} &&f_{\text{Efl}} = \det(\boldsymbol{Q}) \\
&\text{max} &&f_{\text{EVP}} = \sum_{i}^{m} \text{EVP}_{i} \\
&\text{s.t.} &&\Gamma_{\text{MOOSP}} \subset \Gamma_{\text{struct}}
\end{aligned}
\tag{10.15}
$$

其中，s_{MOOSP}^{k} 是多目标传感器布置优化获得的第 k 个传感器位置，并且 Γ_{MOOSP} 是允许布置传感器的区域。

因此，多目标传感器布置优化问题构建如下：传感器数量 m 和位置 $\{s_{\text{MOOSP}}^{k}\}$ 为该优化问题的设计变量，有效独立法和特征向量积方法为该问题的两个优化目标，且应满足约束条件。

10.3.3　基于改进超体积评估的多目标优化算法

如何评价多目标优化结果是一个重要的问题。近年来开展了大量关于多目标优化评估的研究工作，如最大扩展[1]、超矩形[19]等方法。在此基础上，本章提出了一种改进超体积评估的新指标，从候选解的分散性角度出发评价多目标传感器布置优化中解的性能。基于有效独立法和特征向量积法的单目标最优传感器布置方案，超体积指标定义如下：

$$
V = \frac{1}{w} \sum_{l=1}^{w} [(f_{\text{Efl}}^{l} - f_{\text{Efl}}^{*}) \cdot (f_{\text{EVP}}^{l} - f_{\text{EVP}}^{*})]
\tag{10.16}
$$

其中，w 是种群个体数；f_{Efl}^{l} 和 f_{EVP}^{l} 分别是第 l 个非支配解对应的两个目标值；f_{Efl}^{*} 和 f_{EVP}^{*} 是仅采用有效独立法和仅采用特征向量积方法分别求解得到的最优解；双目标优化的超体积是指矩形的面积。以此类推，三目标优化的超体积是长方体体积，四目标和四目标以上优化问题对应的是超长方体的超体积。

　　基于这种改进的超体积评估方法，通过更新初始种群来实现迭代多目标传感器布置优化算法。每次迭代应用改进的超体积评估方法以完成个体评估，并将最后得到的种群设为下一步的初始种群。算法的详细介绍如算法 10.6 所示。

算法 10.6　　使用改进超体积评估的传感器布置多目标优化算法

　　输入：

　　　　基于遗传优化算法的多目标传感器布置优化随机初始群体；

　　输出：

　　　　最佳的适应度值和多目标传感器布置方案。

1：　分别利用有效独立法和特征向量积方法进行两次单目标传感器布置优化，得到适应度值 f_{EfI}^* 和 f_{EVP}^*

2：　　**while** 第 t 次迭代 **do**

3：　　　　　**if** $t=1$ **then**

4：　　　　　　　设置随机初始种群

5：　　　　　**elseif** $V_t < V_{t-1}$ **then**

6：　　　　　　　设置随机初始种群

7：　　　　　**elseif** $V_t \geqslant V_{t-1}$ **then**

8：　　　　　　设置第 t 次迭代的初始种群

9：　　　　　**endif**

10：　　　　　　根据式 (10.15) 求解多目标传感器布置优化，得到 $(f_{\text{MOOSP}}^*)^t$

11：　　　　　　根据式 (10.16) 求解 V_t

12：　　　　　**if** $|V_t - V_{t-1}|/V_t \leqslant \text{tol}_V$ **then**

13：　　　　　　　求解得到多目标传感器布置优化的最佳位置

14：　　　　　　　**break**

15：　　　　　**elseif** $|V_t - V_{t-1}|/V_t > \text{tol}_V$ **then**

16：　　　　　　　$t = t+1$

17：　　　　　**endif**

18：　　**endwhile**

19：　**return** f_{MOOSP}^* 和 $\{s_{\text{MOOSP}}^k\}$

10.4　算法流程

本章算法的主要流程如图 10.3 所示，主要包括三个部分：传感器数量优化、优化传感器布置的遗传优化算法和传感器布置多目标优化，这三个部分的详细过程描述如下。

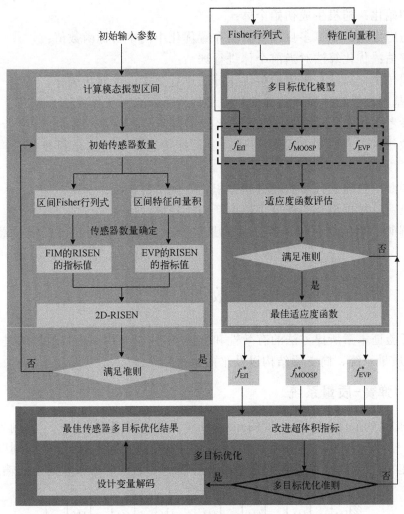

图 10.3　所提方法流程图

（1）基于 2D-RISEN 的传感器数量优化。

①输入参数：有限元模型、模态振型阶数和动力学系统的不确定度；

②区间模态振型：利用区间分析方法计算不确定性模态振型；

③不确定性传播：计算区间不确定性在有效独立法和特征向量积法的不确定性传播性能；

④2D-RISEN：采用有效独立法和特征向量积方法，决定传感器数量区间关系。

(2)面向多目标传感器布置优化的遗传优化算法求解过程。

①编码：对所有候选结点进行编码；

②初始化：随机生成初始个体；

③适应度值：计算多目标传感器布置优化中两个目标函数值；

④评估：优化算法对当前个体进行评估；

⑤遗传优化算法：采用遗传优化算法进行交叉、变异和选择。

(3)基于改进超体积评估的迭代多目标传感器布置优化算法。

①参考点：单目标传感器布置优化分别得到最佳布置方案，作为下一步输入；

②改进的超体积评价指标：计算多目标传感器布置优化和参考点构成的超体积；

③判断：当前迭代步的改进超体积是否优于前一步；

④更新：根据现有的评价指标更新初始种群；

⑤解码：利用遗传优化算法搜索最佳个体，通过解码获得相应的最佳设计变量。

10.5　数　值　算　例

为了验证本章所提方法的有效性和准确性,本节利用三个数值算例进行验证,即弹簧-质量系统、简支梁结构以及平面桁架结构。

10.5.1　弹簧-质量系统

如图 10.4 所示的 20 自由度的弹簧-质量系统被用来作为第一个算例来验证本章方法。其具体结构参数如下：刚度为 1000N/m，质量为 1kg。考虑刚度和质量分别存在 5% 的不确定性，引入前 3 阶模态振型作为传感器布置问题的输入。

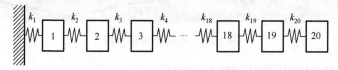

图 10.4　20 自由度弹簧-质量系统的方案图

图 10.5 展示了基于有效独立法和特征向量积方法的区间界,观察可知,有效独立法的区间界宽度大于特征向量积方法,归因于行列式比特征向量积方法有着更为显著的区间扩张。利用两个界限计算 2D-RISEN,并绘制传感器数量优化的变化曲线,如图 10.6 所示。根据当前数量与下一个数量之间的区间关系,所提出的 2D-RISEN 方法最终决定最优传感器数量为 5。

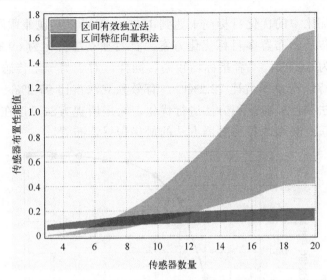

图 10.5　弹簧-质量系统中有效独立法和特征向量积方法的区间界

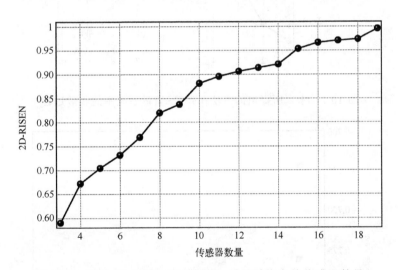

图 10.6　利用 2D-RISEN 决定弹簧-质量系统中的传感器数量

　　在此基础上，利用本章提出的传感器布置多目标优化方法设计 5 个传感器的最佳布置方案。如图 10.7 所示，经过 10 次迭代，该算法在约 7×10^{-5} 处收敛。两种单目标传感器布置优化方法，以及本章所提出的多目标优化方法的最终优化得到的传感器布置方案均列在表 10.1 中。最终结果中显示，多目标优化方法得到的传感器布置方案有 5 组，图 10.8 中展现了由所有 5 个优化方案组成的 Pareto 前沿。与通过有效独立法和特征向量积方法的结果对比可知，这些布置方案并不相同。相比于有效独立法和特征向量积方法的结果，比值仅为 3.6%和 69.4%。尽管传感器多目标布置优化中的优化目标尚未达到 100%，但可以实现兼顾两个目标较优。对于其中一组传感器布置多目标优化方案，有效独立法占比为 69.3%时，特征向量积方法占比为 84.4%，二者指标均较高。同样，对于另一组传感器布置多目标优化方案，当特征向量积占比 72.2%时，有效独立法占比 97.2%。因此，若要同时对有效独立法和特征向量积方法进行优化，采用所提方法可以在性能上实现更好的平衡，并获得兼顾两种传感器方法的最优传感器布置。

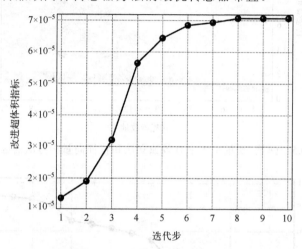

图 10.7　本章所提出的方法在弹簧-质量系统中的收敛过程

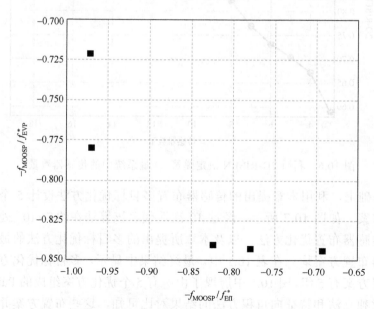

图 10.8　多目标优化方法获得平面桁架算例的 Pareto 前沿

表 10.1　比较本章所提出的方法与弹簧-质量系统的单目标传感器布置优化的结果

传感器布置优化方法	位置	目标值和占比			
		f_{EII}	f_{EII}/f_{EII}^*	f_{EVP}	f_{EVP}/f_{EVP}^*
有效独立法	5, 6, 12, 13, 20	0.0314	100%	0.0622	69.4%
特征向量积方法	10, 11, 18, 19, 20	0.0011	3.6%	0.0896	100%
传感器布置多目标优化	5, 6, 11, 12, 20	0.0304	96.9%	0.0699	78.0%
	5, 6, 11, 13, 20	0.0305	97.2%	0.0647	72.2%
	5, 6, 11, 18, 20	0.0259	82.3%	0.0753	84.1%
	5, 10, 11, 18, 20	0.0245	77.9%	0.0755	84.2%
	6, 10, 11, 18, 20	0.0218	69.3%	0.0756	84.4%

10.5.2　简支梁

如图 10.9 所示的 50 个单元简支梁为第二个算例，其结构参数如下：梁的长度为 1m；截面为 0.02m×0.02m；质量密度为 7670kg/m³；弹性模量为 210MPa。考虑弹性模量和质量密度分别存在 5% 的不确定性，并采用前 3 阶模态振型来实现传感器布置优化问题。

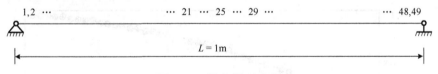

图 10.9　简支梁示意图

图 10.10 展示了基于有效独立法和特征向量积方法的传感器布置优化方法区间界。借助所提出的 2D-RISEN 决定最佳传感器数量，传感器数量变化曲线如图 10.11 所示。依据上述传感器数量优化方法，确定最终传感器数量为 10。此外，采用所提出的传感器布置多目标优化布置方法设计最佳的 10 个传感器位置。如图 10.12 所示，当 $t=18$ 时，该曲线收敛，表 10.2 列出了传感器布置多目标优化方法的优化结果，并与有效独立法和特征向量积方法的结果进行比较。多目标优化最终得到的 9 组解集，与两种单目标方法得到的传感器布置方案并不相同。两个单目标方法相互评价的占比仅为 5.9% 和 72.1%。尽管多目标传感器布置优化结果中没有达到 100% 的目标，但兼顾了两个优化目标。对于其中一组传感器布置多目标优化方案，当特征向量积方法占比为 80.0% 时，有效独立法占比为 93.7%。对于另一组传感器布置多目标优化方案，当有效独立法占比

为 66.5% 时，特征向量积方法占比为 92.5%。因此，可以得出结论：当需要同时关注两个目标，所提出的方法具有更好的平衡性能。所有 9 组解所组成的 Pareto 前沿如图 10.13 所示。

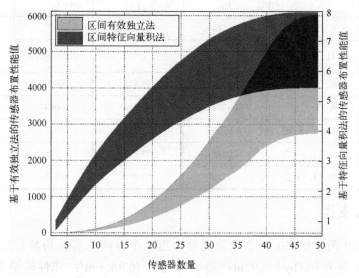

图 10.10　简支梁中有效独立法和特征向量积方法的区间界

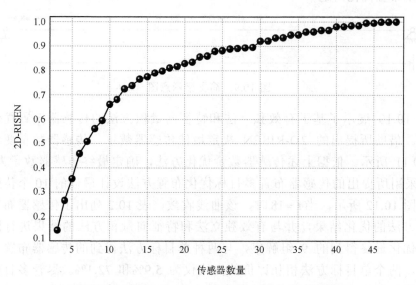

图 10.11　利用 2D-RISEN 决定简支梁中传感器数量

表 10.2　比较所提出的方法与简支梁单目标优化的传感器布置结果

传感器布置优化方法	位置	目标值和占比			
		f_{EfI}	f_{EfI}/f_{EfI}^*	f_{EVP}	f_{EVP}/f_{EVP}^*
有效独立法	10, 11, 12, 23, 24, 25, 26, 38, 39, 40	85.4	100%	1.94	72.1%
特征向量积方法	9, 10, 11, 12, 13, 37, 38, 39, 40, 41	5.0	5.9%	2.69	100%
传感器布置多目标优化	10, 11, 12, 21, 26, 27, 37, 38, 39, 40	80.0	93.7%	2.30	85.6%
	10, 11, 12, 21, 27, 28, 37, 38, 39, 40	77.0	90.2%	2.40	89.2%
	10, 11, 12, 21, 27, 29, 37, 38, 39, 40	74.7	87.4%	2.41	89.9%
	10, 11, 12, 21, 28, 29, 37, 38, 39, 40	72.5	84.9%	2.45	91.4%
	10, 11, 12, 21, 28, 36, 37, 38, 39, 40	60.2	70.5%	2.47	91.9%
	10, 11, 12, 21, 29, 30, 37, 38, 39, 40	66.9	78.3%	2.47	91.8%
	10, 11, 12, 21, 29, 36, 37, 38, 39, 40	56.8	66.5%	2.49	92.5%
	10, 11, 13, 22, 25, 27, 37, 38, 40, 41	80.1	93.7%	2.15	80.0%
	10, 11, 13, 22, 27, 28, 37, 39, 40, 41	77.8	91.1%	2.32	86.4%

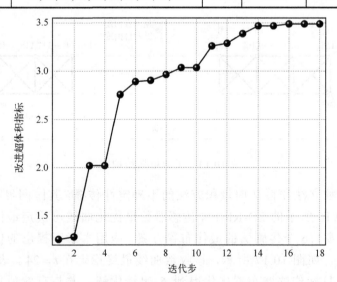

图 10.12　所提出的方法在简支梁上的收敛过程

10.5.3　平面桁架

如图 10.14 所示的具有 121 个自由度的平面桁架，其结构参数如下：桁架长度为 1m；截面积为 $1\,cm^2$；质量密度和弹性模量都与上一算例中的梁相同。考虑弹性模量和质量密度存在 5%的不确定性，并采用前 3 阶模态振型作为传感器布置优化问题的输入。

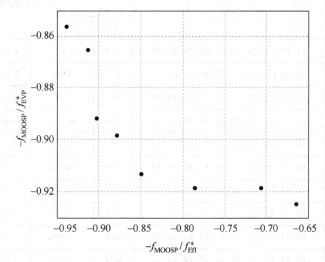

图 10.13　多目标优化方法获得简支梁算例的 Pareto 前沿

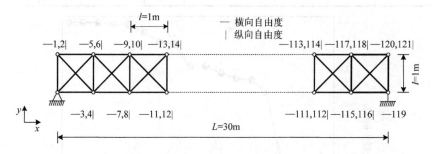

图 10.14　平面桁架结构图

　　基于有效独立法和特征向量积方法的不确定性传播，其区间界如图 10.15 所示。通过图 10.16 所示的 2D-RISEN 传感器数量优化曲线可决定最佳的传感器数量为 16。为设计 16 个传感器的最佳布置方案，应用本章所提出的传感器布置多目标优化方法。如图 10.17 所示，该收敛曲线最终稳定在 $t = 24$。表 10.3 中列出了通过迭代多目标传感器布置优化得到 6 组较优解，并与有效独立法和特征向量积方法进行比较。两个单目标相互评价的占比为 49.5%和 79.0%。与前两个算例相似，尽管提出的多目标传感器布置优化解决方案无法获得单目标上的最优解，但能更好地平衡性能。所有 6 组解集方案组成的 Pareto 前沿，如图 10.18 所示。

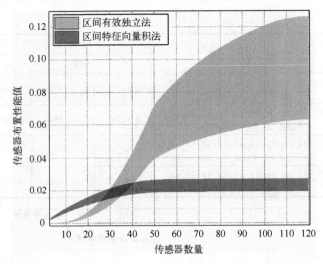

图 10.15　平面桁架中有效独立法和特征向量积方法的区间界

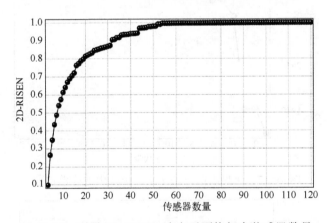

图 10.16　利用 2D-RISEN 决定平面桁架中传感器数量

表 10.3　比较所提出的方法与平面桁架结构单目标优化的传感器布置结果

传感器布置优化方法	位置	目标值与占比			
		f_{EfI}	f_{EfI}/f_{EfI}^*	f_{EVP}	f_{EVP}/f_{EVP}^*
有效独立法	22, 24, 26, 28, 30, 52, 56, 58, 60, 62, 64, 90, 92, 94, 96, 98	0.00273	100%	0.00893	79.0%
特征向量积方法	20, 22, 24, 26, 28, 30, 48, 50, 88, 90, 92, 94, 96, 98, 100, 102	0.00135	49.5%	0.0113	100%
传感器布置多目标优化	22, 24, 26, 28, 30, 48, 50, 52, 61, 62, 68, 90, 92, 94, 96, 98	0.00211	77.1%	0.00969	85.4%
	22, 24, 26, 28, 30, 48, 52, 54, 61, 62, 68, 90, 92, 94, 96, 98	0.00216	79.2%	0.00961	84.7%

续表

传感器布置优化方法	位置	目标值与占比			
		$f_{EΠ}$	$f_{EΠ}/f_{EΠ}^*$	f_{EVP}	f_{EVP}/f_{EVP}^*
传感器布置多目标优化	22, 24, 26, 28, 30, 48, 56, 58, 60, 62, 68, 90, 92, 94, 96, 98	0.00268	97.9%	0.00916	80.7%
	22, 24, 26, 28, 30, 48, 54, 58, 60, 62, 68, 90, 92, 94, 96, 98	0.00265	96.8%	0.00940	82.8%
	22, 24, 26, 28, 34, 48, 54, 58, 60, 64, 70, 90, 92, 94, 96, 98	0.00258	94.5%	0.00947	83.4%
	22, 24, 26, 28, 44, 48, 54, 58, 60, 64, 70, 90, 92, 94, 96, 98	0.00248	90.7%	0.00954	84.1%

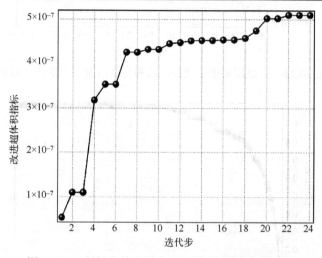

图 10.17　所提出的方法在平面桁架中的收敛过程

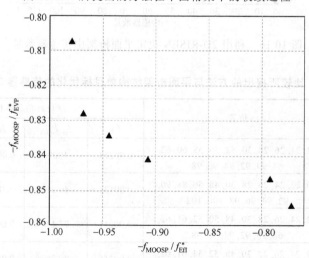

图 10.18　多目标优化方法获得平面桁架算例的 Pareto

10.6　本　章　小　结

在本章中,通过两个单目标传感器布置优化方法的不确定性传播过程定义了一种新的区间指数 RISEN 来决定传感器数量。设计了改进的超体积评价指标,并使用遗传优化算法求解多目标传感器布置优化问题。为提高算法效率,提出了一种传感器布置多目标优化算法。数值算例表明,有效独立法的区间界大于特征向量积方法,这可以归因于行列式具有更为显著的区间扩张。尽管传感器多目标布置优化得到的最优解无法在单目标中达到最佳性能,但实现了更好的平衡效果。

参 考 文 献

[1]　Chang M, Pakzad S N. Optimal sensor placement for modal identification of bridge systems considering number of sensing nodes[J]. Journal of Bridge Engineering, 2014, 19(6): 04014019.

[2]　Feng S, Jia J Q. Acceleration sensor placement technique for vibration test in structural health monitoring using microhabitat frog-leaping algorithm[J]. Structural Health Monitoring, 2018, 17(2): 169-184.

[3]　Bruggi M, Mariani S. Optimization of sensor placement to detect damage in flexible plates[J]. Engineering Optimization, 2013, 45(6):659-676.

[4]　Qiu Z, Elishakoff I. Antioptimization of structures with large uncertain-but-non-random parameters via interval analysis[J]. Computer Methods in Applied Mechanics and Engineering, 1998, 152(3/4): 361-372.

[5]　Moens D, Vandepitte D. A survey of non-probabilistic uncertainty treatment in finite element analysis[J]. Computer Methods in Applied Mechanics and Engineering, 2005, 194(12/16): 1527-1555.

[6]　Srinivas N, Deb K. Muiltiobjective optimization using nondominated sorting in genetic algorithms[J]. Evolutionary Computation, 1994, 2(3): 221-248.

[7]　Deb K, Pratap A, Agarwal S, et al. A fast and elitist multiobjective genetic algorithm: NSGA-II[J]. IEEE Transactions on Evolutionary Computation, 2002, 6(2): 182-197.

[8]　Mkaouer W, Kessentini M, Shaout A, et al. Many-objective software remodularization using NSGA-III[J]. ACM Transactions on Software Engineering and Methodology (TOSEM), 2015,

24(3): 1-45.

[9] Tanabe R, Fukunaga A S. Improving the search performance of SHADE using linear population size reduction[C]//2014 IEEE Congress on Evolutionary Computation (CEC). IEEE, 2014: 1658-1665.

[10] 徐蓉, 姜峰, 姚鸿勋. 流形学习概述[J]. 智能系统学报, 2006, 1(1): 44-51.

[11] 王靖. 流形学习的理论与方法研究[D]. 杭州: 浙江大学, 2006.

[12] 王自强, 钱旭, 孔敏. 流形学习算法综述[J]. 计算机工程与应用, 2008, 44(35): 9-12.

[13] Silva V, Tenenbaum J. Global versus local methods in nonlinear dimensionality reduction[J]. Advances in Neural Information Processing Systems, 2002: 15.

[14] Deb K, Jain H. An evolutionary many-objective optimization algorithm using reference-point-based nondominated sorting approach, part I: Solving problems with box constraints[J]. IEEE Transactions on Evolutionary Computation, 2013, 18(4): 577-601.

[15] Dai G, Zhou C, Wang M, et al. Indicator and reference points co-guided evolutionary algorithm for many-objective optimization problems[J]. Knowledge-Based Systems, 2018, 140: 50-63.

[16] Bhuiyan M Z A, Wang G, Cao J, et al. Sensor placement with multiple objectives for structural health monitoring[J]. ACM Transactions on Sensor Networks (TOSN), 2014, 10(4): 1-45.

[17] Cao X, Chen J, Xu Q, et al. A distance coefficient-multi objective information fusion algorithm for optimal sensor placement in structural health monitoring[J]. Advances in Structural Engineering, 2021, 24(4): 718-732.

[18] Zitzler E, Deb K, Thiele L. Comparison of multiobjective evolutionary algorithms: Empirical results[J]. Evolutionary Computation, 2000, 8(2): 173-195.

[19] Azarm S, Wu J. Metrics for quality assessment of a multiobjective design optimization solution set[J]. Journal of Mechanical Design, 2001, 123(1): 18-25.